Prozesseinflüsse laseradditiv gefertigter Kunststoffspritzgusswerkzeuge

Vom Promotionsausschuss der

Technischen Universität Hamburg

zur Erlangung des akademischen Grades

Doktor-Ingenieur (Dr.-Ing.)

genehmigte Dissertation (Monografie)

von
Hendrik Vogel

aus
Hamburg

2026

1. Gutachter: Prof. Dr.-Ing. Claus Emmelmann
2. Gutachter: Prof. Dr.-Ing. Ingomar Kelbassa
Tag der mündlichen Prüfung: 10.11.2025

Light Engineering für die Praxis

Reihe herausgegeben von

Claus Emmelmann, Technische Universität Hamburg, Hamburg, Deutschland

Technologie- und Wissenstransfer für die photonische Industrie ist der Inhalt dieser Buchreihe. Der Herausgeber leitet das Institut für Laser- und Anlagensystemtechnik (iLAS) an der Technischen Universität Hamburg (TUHH). Die Inhalte eröffnen den Lesern in der Forschung und in Unternehmen die Möglichkeit, innovative Produkte und Prozesse zu erkennen und so ihre Wettbewerbsfähigkeit nachhaltig zu stärken. Die Kenntnisse dienen der Weiterbildung von Ingenieuren und Multiplikatoren für die Produktentwicklung sowie die Produktions- und Lasertechnik, sie beinhalten die Entwicklung lasergestützter Produktionstechnologien und der Qualitätssicherung von Laserprozessen und Anlagen sowie Anleitungen für Beratungs- und Ausbildungsdienstleistungen für die Industrie.

Hendrik Vogel

Prozesseinflüsse laseradditiv gefertigter Kunststoffspritzgusswerkzeuge

Hendrik Vogel
Institut für Laser- und Anlagensystemtechnik
(iLAS)
Technische Universität Hamburg
Hamburg, Deutschland

ISSN 2522-8447　　　　　　ISSN 2522-8455　(electronic)
Light Engineering für die Praxis
ISBN 978-3-662-73054-6　　　ISBN 978-3-662-73055-3　(eBook)
https://doi.org/10.1007/978-3-662-73055-3

Die Deutsche Nationalbibliothek verzeichnet diese Publikation in der Deutschen Nationalbibliografie; detaillierte bibliografische Daten sind im Internet über https://portal.dnb.de abrufbar.

Planung/Lektorat: Alexander Grün
Springer Vieweg ist ein Imprint der eingetragenen Gesellschaft Springer-Verlag GmbH, DE und ist ein Teil von Springer Nature.
Die Anschrift der Gesellschaft ist: Heidelberger Platz 3, 14197 Berlin, Germany

Wenn Sie dieses Produkt entsorgen, geben Sie das Papier bitte zum Recycling.

Vorwort

Die vorliegende Arbeit entstand im Rahmen meiner Tätigkeit als wissenschaftlicher Mitarbeiter am Institut für Laser- und Anlagensystemtechnik (iLAS) der Technischen Universität Hamburg (TUHH) sowie bei der Laser Zentrum Nord GmbH (LZN).

Mein großer Dank gilt meinem Doktorvater, Herrn Prof. Dr.-Ing. Claus Emmelmann, dem Leiter des Instituts für Laser- und Anlagensystemtechnik der Technischen Universität Hamburg, für die langjährige und vertrauensvolle Betreuung der Arbeit. Ebenfalls möchte ich Herrn Prof. Dr.-Ing. Ingomar Kelbassa, Professor für Produktionstechnik am Institut für Industrialisierung smarter Werkstoffe (ISM), für die Übernahme des Koreferates herzlich danken. Mein Dank geht ebenfalls an Prof. Dr.-Ing. habil. Bodo Fiedler für die freundliche Übernahme des Prüfungsvorsitzes.

An dieser Stelle möchte ich auch allen ehemaligen Kollegen am Institut iLAS meinen großen Dank aussprechen. Die sehr engagierte Arbeitsweise mit der stetigen Orientierung am Einsatz innovativer Technologien und dem Infragestellen herkömmlicher technischer Ansätze, hat mich bei Erstellung der Arbeit, aber auch auf dem weiteren beruflichen Weg sehr positiv beeinflusst. Auch allen Studenten, die begleitend zu den Themen meiner Arbeit, Studien- und Abschlussarbeiten erstellt haben und damit positive Impulse lieferten, gilt mein Dank.

Zu guter Letzt möchte ich es nicht versäumen, meiner Familie und vielen Freunden zu danken, die beharrlich mit motivierenden Worten und zeitlichem Freiraum die Fertigstellung der Arbeit positiv beeinflusst haben.

Hamburg, im Dezember 2025 — Hendrik Vogel

Interessenkonflikt Der/die Autor*in hat keine relevanten Interessenskonflikte im Zusammenhang mit dieser Publikation.

Zusammenfassung

Hintergrund der Arbeit

Die additive Fertigung, auch 3D-Druck genannt, ist ein vergleichsweise junges Fertigungsverfahren, welches es ermöglicht, in einem automatisierten Prozess dreidimensionale Bauteile mit hoher geometrischer Komplexität zu fertigen. Der Prozess unterliegt nur wenigen geometrischen Beschränkungen, so dass nicht nur bestehende Produkte günstiger oder schneller gefertigt werden können, sondern es lassen sich auch komplett neue Konstruktionen realisieren, die mit konventioneller Fertigungstechnik nicht erstellt werden können.

Eine der Anwendungen, in denen das Verfahren zum Einsatz kommt, ist der Spritzgusswerkzeugbau. Der Vorteil eines Einsatzes additiver Fertigungsverfahren für diese Anwendung besteht darin, dass erstmals Werkzeuge aufgebaut werden können, die interne Temperiersysteme besitzen, die mit fast beliebigen Freiformgeometrien konturfolgend ausgelegt werden können. Die Auslegung der kanalförmigen Temperiersysteme kann somit an die Erfordernisse der Bauteilgeometrien angepasst werden, anstatt sie wie bisher an den Restriktionen der spanenden Fertigung, wie z. B. des Bohrens auszurichten.

Zielsetzung und Vorgehensweise

Im Rahmen der Arbeit sollen laseradditiv gefertigte Werkzeugformen und deren Konstruktionsweisen untersucht werden, um die Eigenschaften und die Einflüsse auf den Spritzgussprozess zu analysieren und hieraus Gesetzmäßigkeiten zur innovativen Werkzeugauslegung abzuleiten. Hierzu werden drei Temperierarten miteinander verglichen und verschiedenen Analysen unterzogen. Zum einen die konventionelle, auf spanender Fertigung basierende Werkzeugtemperierung sowie die Nutzung innovativer konturnaher Temperierkanalsysteme. Darüber hinaus wurde im Rahmen der Arbeit erstmals eine Temperierung mit einem wasserdurchströmten Temperierhohlraum entwickelt und zum Einsatz gebracht, der den theoretischen physikalischen Anforderungen an eine gleichmäßige und effektive Temperierung am nächsten kommt.

Für die Untersuchungen werden die Unterschiede zunächst theoretisch aufgrund der bestehenden Berechnungsformeln und der physikalischen Gesetzmäßigkeiten betrachtet. Im Anschluss werden Wärmeübertragungs- und Spritzgusssimulationen durchgeführt, um die dreidimensionalen, nicht analytisch berechenbaren Effekte zu untersuchen. Diese theoretischen und modellhaften Untersuchungen werden anschließend durch experimentelle Spritzguss-Versuchsreihen ergänzt, für die ein Werkzeug mit allen drei Temperiergeometrien gefertigt und zum Einsatz gebracht wurde.

Aus den Untersuchungsergebnissen werden zum Ende der Arbeit Handlungsempfehlungen und Herangehensweisen für die Konstruktion solcher Temperiersysteme abgeleitet sowie zukünftige Entwicklungspotentiale aufgezeigt.

Inhaltsverzeichnis

Nomenklatur

Lateinische Symbole

Symbol	Beschreibung	Einheit
A	Fläche	mm²
a	Temperaturleitfähigkeit	m²/s
a_{eff}	effektive Temperaturleitfähigkeit	m²/s
b	Wärmeeindringfähigkeit	J/Km²$\sqrt{s}$
Bi	Biotzahl	–
c	spezifische Wärmekapazität	J/kgK
c_p	spez. Wärmekapazität bei konstantem Druck	J/kgK
c_{TM}	spez. Wärmekapazität Temperiermedium	J/kgK
D_h, d_h	hydraulischer Durchmesser	mm
D_{TK}, d_{TK}	Durchmesser Temperierkanal	mm
$\dot{e}_S$	Emission des schwarzen Strahlers	W/m²
h	spezifische Enthalpie	kJ/kg
j	Temperierfehler	%
K_f	Korrekturfaktor für spez. Temperierelemente	–
l_{FT}	Maß Formteil	mm
l_W	Maß Werkzeugkavität	mm
m	Masse	g
$\dot{m}$	Massestrom	g/min
p	Druck	kg/ms²
P	Pumpleistung	W
$\dot{q}$	Wärmestromdichte	W/m²
$\dot{Q}$	Wärmestrom	W
$\dot{Q}_{Ko}$	Wärmestrom durch Konvektion	W
$\dot{Q}_{KS}$	Wärmestrom Formmasse	W
$\dot{Q}_{Lei}$	Wärmestrom durch Leitung	W
$\dot{Q}_{Str}$	Wärmestrom durch Strahlung	W
$\dot{Q}_{TM}$	Wärmestrom Temperiermedium	W
$\dot{Q}_U$	Wärmestrom Umgebung	W
$\dot{Q}_{Zus}$	Zusätzlich zugeführter Wärmestrom	W
Re	Reynoldszahl	–

s	Wanddicke	mm
S	Schwindung	%
T	Temperatur	K
T_{Aus}	Austrittstemperatur	K
T_{Ein}	Eintrittstemperatur	K
T_E	Entformungstemperatur	K
T_M	Massetemperatur Zeitpunkt Formfüllung	K
T_W	Wandtemperatur	K
t	Zeit	s
t_k	Kühlzeit	s
t_Z	Zykluszeit	s
$\dot{V}$	Volumenstrom	m³/s
$\dot{V}_{TM}$	Volumenstrom Temperiermittel	m³/s
v	Strömungsgeschwindigkeit	m/s

Griechische Symbole

Symbol	Beschreibung	Einheit
α	Wärmeübergangskoeffizient	W/m²K
α_{TM}	Wärmeübergangskoeffizient Temperiermedium	W/m²K
ϑ	Temperatur	°C
ϑ_{Aus}	Austrittstemperatur	°C
ϑ_{Ein}	Eintrittstemperatur	°C
ϑ_E	Entformungstemperatur	°C
ϑ_M	Massetemperatur	°C
ϑ_{TK}	Temperatur der Temperierkanalwand	°C
ϑ_{TM}	Temperatur des Temperiermittels in Kanalmitte	°C
ϑ_W	Wandtemperatur	°C
λ	Wärmeleitfähigkeit	W/mK
λ_W	Wärmeleitfähigkeit spez. Werkstoff bzw. Werkzeug	W/mK
λ_i	Rohrreibungskoeffizient	–
v	kinematische Viskosität	m²/s
ξ_i	Verlustfaktor für Ecken, Querschnittssprünge, u.a.	–
ρ	Dichte	kg/m³
σ	Stefan-Boltzmann-Konstante	W/m²K⁴

1 Einleitung und Motivation

Die industrielle Fertigungstechnik unterliegt einem stetigen Wandel und muss sich immer schneller den veränderlichen Herausforderungen im Spannungsfeld Markt und Technik stellen. Eine Möglichkeit für Unternehmen, dauerhaften Markterfolg sicherzustellen, ist die beständige Weiterentwicklung von Produkten und Prozessen, um innovative Waren zu wettbewerbsfähigen Kosten herzustellen und abzusetzen. Ein vielversprechender innovativer Produktionsprozess ist die seit den 1980er Jahren zunehmend an Bedeutung gewinnende Laserproduktionstechnik. Mit einem Laser lässt sich Licht mit hoher Energie erzeugen und auf einen beliebigen Punkt fokussieren. Mit solch einem fokussierten Energieübertrag lassen sich neuartige Prozesse zur Materialbearbeitung gestalten, die sich durch hohe Präzision und Effizienz auszeichnen und darüber hinaus die Realisierung neuartiger Konstruktionskonzepte ermöglichen.

Eines der interessantesten dieser neuartigen Laser-Materialbearbeitungsverfahren ist der so genannte pulverbettbasierte Laserschmelzprozess bzw. allgemein die laseradditive Fertigung. Bauteile mit beinahe beliebigen Geometrien lassen sich unter direkter Verwendung der 3D-CAD-Daten mit diesem Verfahren additiv aus Pulverwerkstoffen aufbauen. Die Bauteile werden schichtweise erstellt, indem mittels Laserstrahl selektiv definierte Bereiche in einer Pulverschicht belichtet werden, so dass der Pulverwerkstoff an diesen Stellen verschmilzt. In einem zyklischen Prozess wird dies schichtweise wiederholt und die Bauteilschichten werden übereinander in einem Pulverbett aufgebaut. Neben der Automatisierung der Produktion besteht hierbei eine wesentliche Neuerung darin, dass mittels der selektiven Belichtung in die gefertigten Bauteile Hohlraumstrukturen eingebracht werden können, die mit herkömmlichen Verfahren nicht zu fertigen sind.

Aus dem Einsatz solch innovativer Fertigungsverfahren lässt sich der größte Nutzen ziehen, wenn nicht nur der Fertigungsprozess umgestellt wird, sondern zuvor auch die Bauteil- und Werkzeugkonstruktionen neu entwickelt werden. Eine innovative Anwendung, die mit neuen Konzepten die Potentiale der additiven Fertigung nutzt, ist die Fertigung von Spritzgusswerkzeugen. Spritzgusswerkzeuge haben im Allgemeinen zwei Grundfunktionen. Sie besitzen einen durch eine Werkzeugbewegung zu öffnenden Hohlraum, die sogenannte Kavität, in den ein flüssiger, erhitzter Formstoff, z. B. Kunststoff, eingespritzt wird, der durch die Geometrie dieses Hohlraumes eine definierte Form erhält. Die zweite Funktion ist die des Wärmetauschers, weil der flüssige Formstoff nach dem Einspritzen zum Abkühlen seine Wärmeenergie an das Werkzeug abgeben muss. Das Werkzeug besitzt wiederum in der Regel ein internes Temperiersystem, das die Wärme mittels eines Wasser- oder auch Ölkreislaufes aus dem Werkzeug abführt.

Dieser Abkühlprozess im Werkzeug lässt sich verbessern, indem die Möglichkeit der laseradditiven Fertigung zur Erzeugung komplexer, innenliegender Strukturen genutzt wird. Interne Bauteilstrukturen zur Temperierung lassen sich mit fast beliebigen Geometrien dicht unter den mit dem heißen Formstoff in Kontakt stehenden Werkzeugwänden anordnen. Eine hierdurch erreichbare Steigerung der Temperierleistung ermöglicht über eine verkürzte Abkühlzeit der Spritzgussbauteile einen wirtschaftlicheren Einsatz des Werkzeugs. Gleichzeitig lassen sich durch eine präzisere und gleichmäßigere Temperierung die Qualität der gefertigten Bauteile und die Steuerbarkeit des Spritzgussprozesses erhöhen.

Im Rahmen dieser Arbeit soll untersucht werden, wie der Einsatz der laseradditiven Fertigung im Spritzgusswerkzeugbau neue Potentiale im Hinblick auf die Kriterien Qualität, Kosten und Zeit erschließen kann. Abgeleitet von den physikalischen Zusammenhängen wird auch ein grundlegend neuartiger Konstruktionsansatz entwickelt, der die Möglichkeiten der additiven Fertigung effektiv umsetzt. Ein wesentliches Ziel ist es hierbei, die Wirkungskette von der Temperierung über die Prozessführung bis hin zum gefertigten Spritzgussbauteil zu verfolgen. Abschließend sollen daraus Schlüsse gezogen werden, inwieweit die Konstruktion von innenliegenden Werkzeug-Temperiersystemen weiterentwickelt werden kann, um das Potential der additiven Fertigung für derartige Anwendungen möglichst weitgehend ausnutzen zu können.

2 Stand der Technik

2.1 Laseradditive Fertigung als innovatives Verfahren für die Realisierung neuartiger dreidimensionaler Konstruktionen

Die laseradditive Fertigung bezeichnet Verfahren, bei denen mittels eines Urformprozesses dreidimensionale Bauteile in einem Laserschmelzprozess aus formlosen oder drahtförmigen Stoffen erstellt werden können. Hierbei ist der pulverbettbasierte Laserschmelzprozess das wohl wichtigste Verfahren (engl. Laser Powder Bed Fusion, kurz L-PBF), bei dem in einem schichtweisen Prozess dreidimensionale Bauteile aufgebaut werden können. Für diese Verfahren gibt es eine Vielzahl weiterer, unterschiedlich gebräuchlicher Bezeichnungen, wie z. B. Selective Laser Melting (SLM), Selective Laser Sintering (SLS), Lasergenerieren oder 3D-Druck. Die Begrifflichkeiten sind einem stetigen Wandel unterlegen, haben in der Regel jedoch gemein, dass sie Fertigungsverfahren bezeichnen, die ohne bauteilspezifische Werkzeuge aus formlosem Stoff dreidimensionale Bauteile direkt aus 3D-Daten erzeugen können. Grundlagen, Verfahrensvarianten und Terminologie können den Normen DIN EN ISO/ASTM 52900, DIN EN ISO 17296-2 oder auch der Fachliteratur entnommen werden [DIN16, DIN22, Geb16].

Die ersten theoretischen Grundlagen der Technologie entstanden zu Beginn der 1970er Jahre, während die ersten Schritte zur Kommerzialisierung der Technologie in den 1980er Jahren erfolgten [She04]. Frühe Verfahren für die Bearbeitung von Metallwerkstoffen, wie z. B. das direkte selektive Laser-Sintern verwendeten für Metallbauteile Mehrkomponenten-Pulversysteme, die mindestens eine höher und eine niedrig schmelzende Phase enthielten, die den Zusammenhalt erzeugte [Emm02, Pop05]. Durch eine gestiegene Laserleistung und Strahlqualität können heute jedoch einkomponentige Pulver wie z. B. Werkzeugstahl oder Edelstahl verwendet werden.

Für das Verfahren wird zunächst ein 3D-CAD-Datensatz in horizontale Schichten mit einer einheitlichen Schichtdicke zerlegt. In einem Pulverbett wird auf einer Plattform eine Pulverschicht erzeugt, deren Höhe der Schichtdicke des in Schichten zerlegten CAD-Modells entspricht. In einem folgenden Schritt werden sowohl die Außenkontur als auch die Innenflächen der untersten Schicht des CAD-Modells durch einen ablenkbaren Laserstrahl belichtet und dabei zu einer festen Schicht verschmolzen. Nach dem Absenken des Pulverbetts um eine definierte Höhe wird die folgende Schicht auf der alten Schicht in der gleichen Weise erstellt. Hierbei verschmilzt diese mit der zuvor erstellten, darunterliegenden Schicht. Mit einer zyklischen Wiederholung können auf diese Weise Bauteile mit einer großen Flexibilität hinsichtlich der Außengeometrie automatisiert gefertigt werden. Gleichzeitig können durch lokales Auslassen im Belichtungsverfahren auch fast beliebige Hohlraumstrukturen im Bauteil erzeugt werden. [DIN22, She04, Reh10]

Eine weitere Fertigungsmöglichkeit besteht darin, ähnlich dem pulverbettbasierten Laserschmelzprozess, mittels Elektronenstrahlsintern additiv Bauteile mit innen liegenden Hohlstrukturen zu fertigen. Hierbei wird das Pulver anstatt mit einem Laserstrahl in einer Vakuumumgebung mit einem Elektronenstrahl im Pulverbett aufgeschmolzen [Lin04, Jan14]. Weitere Verfahren, die zur Werkzeugfertigung mit konturnahen Temperiersystemen theoretisch einsetzbar sind, werden beispielsweise von Jansen [Jan14] und Rohne [Roh24] beschrieben. Metal Laminated Tooling und Diffusionsschweißen von Plattenwerkstoffen mit spanend eingebrachten Temperierkanälen, das Löten von Kombinationen aus Stahl und Kupfer, bei denen Temperierkanäle frei bleiben, oder das Laserauftragsschweißen sind Verfahren, die theoretisch einsetzbar sind, im Rahmen dieser Arbeit aber nicht weiter betrachtet werden sollen.

Mit dem oben beschriebenen Verfahren der additiven Fertigung im Pulverbett lassen sich Bauteile mit hoch komplexen Geometrien erzeugen, die mit herkömmlichen Fertigungstechnologien nicht oder nur unter großem Aufwand gefertigt werden können [Geb06]. Eine weitere Besonderheit des Verfahrens besteht darin, dass die Fertigungszeiten und -kosten im Gegensatz zu herkömmlichen Fertigungsverfahren nicht mehr von der Komplexität, sondern vor allem von der aufgebauten Materialmenge abhängig sind [Tre00, Kas99, Cam08].

Trotz der Flexibilität bestehen bei diesen Verfahren auch geometrische Beschränkungen, die insbesondere die folgenden Aspekte betreffen:

- Maximale Bauteilgröße: Begrenzung durch Bauraum der Maschinentechnik

- Überhänge: Horizontale Überhänge oder Strukturen mit großen Überhangwinkeln können nur mit Abstützungen gefertigt werden

- Innenliegende Geometrien: Notwendigkeit einer Öffnung zur Entfernung unbelichteten Pulvers

- Minimale Auflösung: Begrenzung durch die Feinheit des Pulvers und die Breite der vom Laser erschmolzenen Schweißspuren

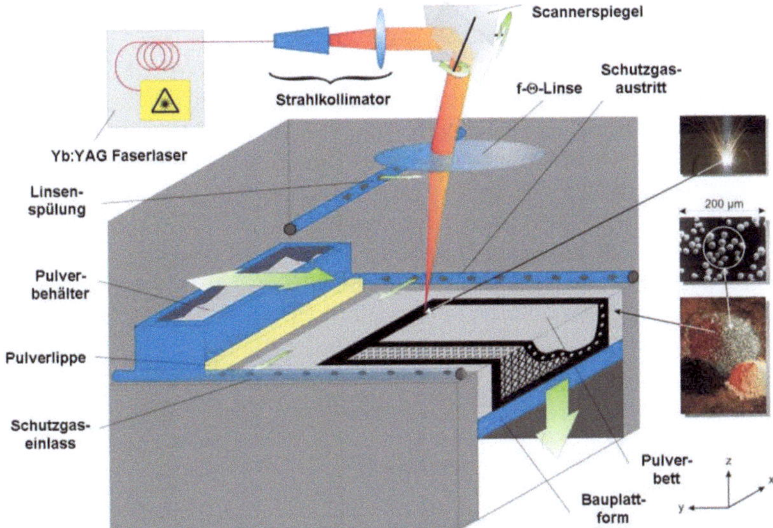

Abbildung 2.1: Verfahrensprinzip des pulverbettbasierten Laserschmelzprozesses [als Übersetzung aus Reh10]

2.2 Grundlagen Werkzeuge für den Kunststoffspritzguss

2.2.1 Einteilung der Kunststoffe

Kunststoffe sind eines der wichtigsten Materialien der heutigen Warenwelt. Für unterschiedliche Anwendungsgebiete besteht eine Vielzahl von Werkstoffsorten, die zusätzlich durch Färbmittel, Füllstoffe, Verstärkungsstoffe und Treibmittel in ihren Eigenschaften beeinflusst und an die gewünschte Anwendung angepasst werden können. Die Ausgangsstoffe sind hauptsächlich aus Erdöl und Erdgas gewonnene Monomere, aus denen sich eine Vielzahl von unterschiedlichen Makromolekülen bilden lässt. Durch die Wahl der Verarbeitungsprozesse und Mischungsverhältnisse lassen sich verschiedene Kunststoffe herstellen, die auch als Polymere bezeichnet werden, weil sie aus einer Vielzahl von Einzelbausteinen aufgebaut sind (altgriech. poly = viel, altgriech. meros = Teil). Die Kunststoffe werden in drei Hauptgruppen unterteilt: Thermoplaste, Duroplaste und Elastomere. [Mic08, Bri11]

Thermoplaste (thermos = warm, plasso = bilden) sind reversibel schmelzbar, bei Raumtemperatur hartspröde und werden weiter in teilkristalline und amorphe Thermoplaste unterschieden. Amorphe Thermoplaste sind in der Regel transparent und ähneln in ihrer Molekularstruktur Glas, weil die Molekülketten größtenteils parallel ausgerichtet sind. Bei teilkristallinen Thermoplasten sind die Molekülketten hingegen ungeordnet und verknäult, wodurch sie nicht durchsichtig sind. Die zweite Hauptkategorie der Kunststoffe sind Duroplaste (durus = hart), deren Molekülketten in alle Raumrichtungen engmaschig vernetzt sind. Aus diesem Grund sind sie weder schmelzbar noch plastisch verformbar. Die dritte Gruppe, die Elastomere, sind hingegen räumlich weitmaschig vernetzt und in einem elastisch-weichen Zustand. [Mic08, Dom08]

2.2.2 Spritzgusswerkzeuge für thermoplastische Kunststoffe

Bei der Konstruktion von Kunststoffspritzgussteilen besteht eine große konstruktive Freiheit bezüglich ihrer Formgebung und Gestaltung. Diese Vielfalt wird ermöglicht durch eine Vielzahl von Konstruktionsvarianten von Spritzgusswerkzeugen. Ein Spritzgusswerkzeug stellt dabei ein ressourcen- und kostenintensives, industriell gefertigtes Produkt dar, das einen vergleichsweise hohen Komplexitätsgrad besitzt. Dieses hat in der Regel über mehrere Jahre höchsten zyklischen Belastungen standzuhalten und dabei höchsten Genauigkeitsanforderungen zu genügen [Men08, Zöl99, Zäh06]. Durch ihre zentrale Funktion in der Wertschöpfungskette besitzen Werkzeuge oft einen wesentlichen Einfluss auf die gesamte Leistungsfähigkeit in der industriellen Produktion. Qualität, Zeit und Kosten der Produktion sind wesentlich mit den Eigenschaften des Werkzeugs verknüpft [Eve98]. Nach Eversheim [Eve98] entfallen je nach Produktionszweig bis zu 30 % der Produktionskosten von Bauteilen auf die Anschaffung und Wartung von Werkzeugen. Durch den starken direkten Einfluss auf die erzeugte Bauteilqualität sind an die eingesetzten Werkzeuge wesentlich höhere Qualitätsanforderungen zu stellen, als die damit gefertigten Bauteile aufweisen sollen.

Die grundlegenden Bestandteile eines einfachen Spritzgusswerkzeugs sind in Abbildung 2.2 dargestellt. Das gezeigte Werkzeug besteht wie die große Mehrheit aller Spritzgusswerkzeuge aus zwei Hälften, der beweglichen Auswerferseite und der festen Düsenseite. Im geschlossenen Zustand besteht zwischen den Werkzeughälften ein als Kavität oder Formnest bezeichneter Hohlraum, in dem im Spritzgussprozess das Formteil dadurch entsteht, dass der Hohlraum durch das Angusssystem mit flüssiger Formmasse gefüllt wird (Punkt 1 der Abbildung 2.2). Im Gegensatz zu der Verarbeitung von Duroplasten und Elastomeren besteht bei der Verarbeitung von Thermoplasten die Temperierung oft aus reiner Abkühlung, durch die das Formteil erstarrt. Insbesondere bei komplexen Geometrien wird jedoch in einigen Anwendungen auch aus fertigungstechnischen Gründen zusätzliche Wärme eingebracht.

Um den Erstarrungsprozess zu beschleunigen oder gegebenenfalls auch Wärme zuzuführen, sind im Werkzeug Temperierkanäle (Punkt 2) eingelassen, die in der Regel von Wasser oder auch Öl durchströmt werden. Die während des Abkühlprozesses auftretende Schwindung der Bauteile ist bei der Konstruktion der Maße des Werkzeuges zu berücksichtigen. Bei amorphen Thermoplasten beträgt sie ca. 0,2 % bis 0,8 %, bei teilkristallinen Thermoplasten ca. 0,8 % bis 2,2 % in Bezug auf die Bauteilmaße [Mei19]. Nach Erstarrung des Formteils in der Kavität wird das Werkzeug geöffnet und das Formteil durch mehrere Auswerferstifte (Punkt 4), die auf einer gemeinsamen Auswerferplatte befestigt sind (Punkt 3), aus dem Werkzeug gedrückt [Jar08, Mic08].

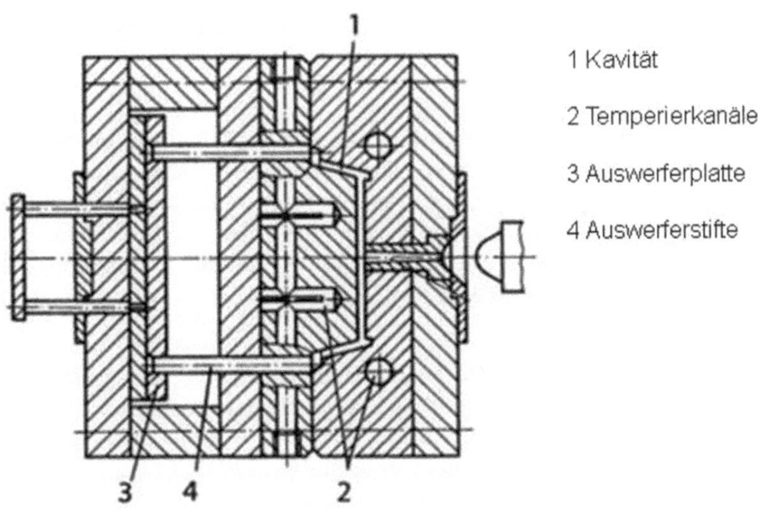

Abbildung 2.2: Grundlegender Aufbau eines Spritzgusswerkzeugs für thermoplastische Kunststoffe [Jar08]

2.2.3 Prozess des Spritzgießens von thermoplastischen Kunststoffen

Für die industrielle Erstellung von Formteilen aus Kunststoff ist das Spritzgießen mit den oben benannten Werkzeugen das wichtigste Fertigungsverfahren. Das Verfahren wird nach DIN 8580 [DIN03] in die Gruppe der urformenden Fertigungsverfahren eingeordnet, die Begrifflichkeiten des Verfahrens sind in der DIN 24450 festgelegt [DIN87]. Die Grundlage des Verfahrens besteht, wie oben beschrieben, darin, dass flüssiger Kunststoff mit hohem Druck in einen formgebenden Hohlraum eines Spritzgusswerkzeugs eingespritzt wird, der auch als Kavität des Werkzeugs bezeichnet wird. Am Ende des Spritzgussvorganges wird die in der Regel aus zwei Hälften bestehende Form geöffnet und das Spritzgussteil entformt.

Die Verarbeitungsbedingungen der verschiedenen Kunststoffgruppen weisen grundlegende Unterschiede auf. Während Thermoplaste durch thermische Abkühlung erstarren und die Geometrie des Werkzeugs annehmen, wird die Erstarrung von Duroplasten und Elastomeren durch chemische Reaktionen verursacht, für die temporär eine ausreichend hohe Temperatur im Werkzeug vorhanden sein sollte [Men07].

Das oben genannte laseradditive Fertigungsverfahren findet im Werkzeugbau vor allem für die Erstellung von Werkzeugen für die Verarbeitung von Thermoplasten Anwendung. Der Vorteil liegt hierbei darin, dass der Abkühlprozess im Werkzeug durch die Möglichkeit des Einbringens von Hohlraumstrukturen für Temperierkanäle verkürzt und präziser gesteuert werden kann. Für die Bearbeitung von Thermoplasten wird ein Temperaturfenster genutzt, welches oberhalb der Temperatur liegt, bei der die zwischenmolekularen Kräfte schwach ausgeprägt sind, während die chemischen Bindungen der Moleküle jedoch nach wie vor bestehen [Zac98]. Die Wände des Spritzgusswerkzeugs, in das die Schmelze eingespritzt wird, haben dabei eine niedrigere Temperatur als die Schmelze des Thermoplasts. Nach dem Einspritzen erkaltet das Kunststoffbauteil und bildet dann die Kontur des Hohlraumes im Werkzeug, der Kavität, ab.

Die Verarbeitung der Thermoplaste im Spritzgießprozess geschieht dabei in fest definierten Phasen, die für die Fertigung großer Bauteilmengen zyklisch wiederholt werden [Mic08, Men07, Bru06]:

Phase 1: Dosieren

Zunächst wird der als Granulat vorliegende Rohstoff in einem als Plastifiziereinheit bezeichneten Schneckenextruder unter einer rotatorischen Bewegung zu einer stofflich und thermisch homogenen Schmelze gewandelt. Das Granulat wird dabei durch Wärmeübergang von der mit einer integrierten Heizung versehenen Zylinderwand und durch die bei der Bewegung entstehende Scherwärme in den für die Verarbeitung notwendigen schmelzflüssigen Zustand überführt.

Phase 2: Einspritzphase

Nachdem die Schließeinheit die beiden Hälften einer Werkzeugform zusammengefahren hat, wird die Plastifiziereinheit zum Angusskanal des Werkzeugs verfahren. Die im Schneckenvorraum befindliche Kunststoffschmelze wird anschließend durch eine translatorische Bewegung der Schnecke unter hohem Druck in das Spritzgusswerkzeug eingespritzt.

Phase 3: Kompressionsphase

Nach vollständiger Füllung der Kavität steigt der Druck im Werkzeug steil an. Ab einem definierten Druckniveau wird von der Spritzgussmaschine ein einheitliches Druckniveau in der Nachdruckphase aufgebracht.

Phase 4: Nachdruckphase

Die im Werkzeug befindliche Formmasse kühlt von der Werkzeugwand her ab. Es entsteht eine Volumenkontraktion, die als Schwindung bezeichnet wird. Damit es nicht zu einem Ablösen des Werkstoffes von der Werkzeugwand kommt und weiterhin eine Kontrolle über die Abmessungen des Formteils besteht, wird der Druck auf die Schmelze aufrechterhalten und zusätzliche Formmasse in die Form nachgedrückt.

Phase 5: Restkühlzeit

Nachdem der Anguss des Werkzeugs erstarrt ist (auch als Versiegelung bezeichnet), kann über die Einspritzeinheit keine weitere Druckwirkung auf das Bauteil aufgebracht werden. Durch die Materialschwindung sinkt der Druck im Werkzeug in kurzer Zeit auf ein niedriges Niveau ab. Der Kunststoff kühlt von der Werkzeugwand her weiter ab. Hierbei entsteht ein Temperaturgradient im Bauteilquerschnitt. Die in der Bauteilmitte befindliche Schmelzwärme wird über die Randschichten an die Werkzeugwand abgegeben. Wenn das Bauteil in einem Maße abgekühlt ist, dass es ausreichend erstarrt und stabil ist, kann es entformt werden.

Phase 6: Entformung des Spritzgussbauteils

Nach Beendigung der Kühlzeit kann das Bauteil aus dem Werkzeug entformt werden, so dass das Werkzeug für den nächsten Spritzgusszyklus zur Verfügung steht. In den meisten Fällen wird das Bauteil mit Hilfe mechanischer Auswerferstifte ausgestoßen. Hochwertige und empfindliche Bauteile können zusätzlich mit Handhabungstechnik entnommen werden.

Phase 7: Abkühlen auf Umgebungstemperatur

Außerhalb des Werkzeugs kühlt das Spritzgussbauteil durch Wärmekonvektion und –strahlung auf Umgebungstemperatur ab. Hierbei kommt es zu einer weiteren Volumenkontraktion, die als „freie Schwindung" bezeichnet wird.

Bei diesem Verfahrensablauf ist die Kühlzeit im Werkzeug aufgrund der geringen Wärmeleitung der Kunststoffe jeweils sehr viel länger als die Einspritz- und Entnahmevorgänge, so dass die eigentliche Erstarrung des Bauteils während der Kühlphase stattfindet. Diese Phase ist somit zeitbestimmend für die Gesamtzykluszeit und damit auch für die Wirtschaftlichkeit in der Produktion [Men08, Men07, Wüb74, Ste08, Fuh04].

Die physikalischen Zusammenhänge der Phasen des Prozesses lassen sich auch mit der Betrachtung der Größen Druck und Zeit in Abbildung 2.3 verdeutlichen. Nachdem für eine Zeit von 10 Sekunden der Werkstoff dosiert worden ist, wird dieser ins Werkzeug eingespritzt (Punkt 1). Nach der volumetrischen Füllung des Werkzeugs (Punkt 2) steigt der Spritzdruck bis zu einem definierten Druckniveau an, bei dessen Erreichen (Punkt 3) auf einen niedrigeren Nachdruck umgeschaltet wird (Punkt 4). Der Druck fällt zunächst bis auf das Nachdruckniveau ab (Punkt 5). Durch die fortschreitende Erstarrung des Bauteils fällt der Druck weiter unter das Nachdruckniveau. Der anschließende Druckabfall ist umso größer, je weiter der Messpunkt von der Einspritzdüse entfernt ist [Dom08]. Teilkristalline Kunststoffe erfordern hierbei eine längere Nachdruckzeit, in der die Kristallisationswärme abgeführt wird. Beim Einfrieren des Angusses (Siegelpunkt, Punkt 6) ist kein weiterer Nachdruck mehr möglich, so dass schließlich der Atmosphärendruck erreicht wird (Punkt 7). Nach einer weiteren Kühlzeit, bei der der Schmelzpunkt bei teilkristallinen Kunststoffen unterschritten wird, kann das Bauteil entformt werden.

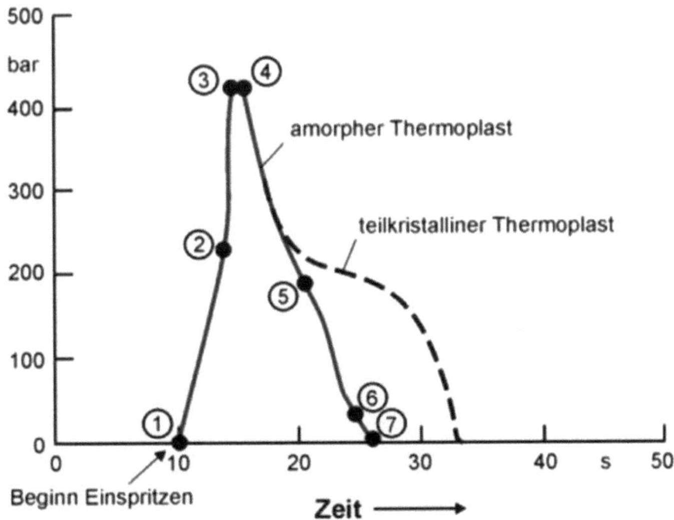

Abbildung 2.3: Druck-Zeit-Verlauf im Spritzgusswerkzeug [Dom08]

2.2.4 Darstellung Qualitätsparameter von Spritzgussteilen

Die funktionalen und optischen Anforderungen an Kunststoffspritzgussteile sind in den letzten Jahren kontinuierlich gestiegen. Die relevanten Qualitätsparameter umfassen dabei sowohl quantitative als auch qualitative Parameter. Nach Haman [Ham03] können hierbei die folgenden Merkmale für die Bauteilqualität unterschieden werden:

- Gewicht der Spritzgussbauteile

Das Einhalten geringer Schwankungen des Gewichts der Spritzgussbauteile ist ein wesentlicher Hinweis auf einen gut eingestellten Spritzgussprozess und sind für die die prozesssichere Serienfertigung hochwertiger Produkte unabdingbar.

- Maßhaltigkeit

Die Einhaltung der gewünschten Bauteilabmaße und Konturtreue ist beeinflusst durch das Werkzeug, die Eigenschaften des Werkstoffes, mechanische Belastungen und der Schwindung des Werkstoffs innerhalb und außerhalb des Werkzeugs. Als „Verzug" werden die unerwünschten Form- und Maßabweichungen bezeichnet, die ihre Ursache im Schwinden des Bauteils haben.

- Oberflächenstruktur

Insbesondere Bauteile, die im Sichtbereich eingesetzt werden, haben hohen Anforderungen an das optische Erscheinungsbild zu genügen. In Abhängigkeit von der Werkzeugoberfläche und den Verarbeitungsbedingungen können verschiedene Oberflächeneigenschaften (z. B. glänzend, mattiert) erzeugt werden.

- Massehomogenität

Die Homogenität der Kunststoffschmelze ist für die Eigenschaften des Bauteils von großer Bedeutung. Hierbei kann zwischen der thermischen Homogenität, die durch das Temperaturprofil der Masse bestimmt wird, und der stofflichen Homogenität, die die Mischqualität bei Stoffgemischen bezeichnet, unterschieden werden.

- Morphologie

Die Makromoleküle des flüssigen Kunststoffes erhalten während des Fließens eine Orientierung, die sich beim Abkühlen jedoch auch abbauen kann. Durch eine bleibende Orientierung, z. B. bei schnell gekühlten Bauteilen, kann die Schwindung in den verschiedenen Raumrichtungen unterschiedlich ausfallen, was zum Verzug der gefertigten Bauteile führen kann.

2.3 Konstruktion und Berechnung von Temperiersystemen in Spritzgusswerkzeugen

2.3.1 Grundlagen Temperiersysteme für Spritzgusswerkzeuge

Im Kapitel 2.2 wurde dargestellt, aus welchen Gründen der Temperierung von Spritzgusswerkzeugen eine hohe Relevanz zuzumessen ist. Sowohl die Wirtschaftlichkeit der Spritzgussfertigung als auch die Qualität der gefertigten Bauteile sind in einem hohen Maße beeinflusst. Die durch die Kunststoffschmelze in das Werkzeug eingebrachte Wärme wird zum großen Teil mit einem Kühlmedium (in der Regel Wasser) aus dem Werkzeug geleitet. Hierfür wird in das Werkzeug ein Kanalsystem integriert, welches mit einem externen Temperiergerät verbunden ist. Zur Erzeugung einer besonders hohen Bauteil- und Abformqualität besteht auch die Möglichkeit, durch das gleiche oder ein getrenntes Temperiersystem die Kavität partiell während des Einspritzprozesses für einen besseren Schmelzefluss aufzuheizen und erst im Anschluss an den Einspritzvorgang zu kühlen. Für die Sicherstellung eines effektiven Wärmeüberganges zwischen Werkzeug und Temperiermedium ist das System in Bezug auf die Kanaldurchmesser und hohe Fließgeschwindigkeiten so auszulegen, dass eine turbulente und keine laminare Strömung entsteht. Weiterhin sollte durch minimale Abstände der Kühlkanäle zur Kavität ein kurzer Wärmeleitweg bestehen. [Men08]

Neben der Geschwindigkeit des Abkühlprozesses ist jedoch auch eine gleichmäßige Abkühlung des Spritzgussbauteils anzustreben. Die gleichmäßige Kühlung der Polymeroberfläche hat positive Auswirkungen auf die Form- und Maßhaltigkeit und Oberflächenqualität der gefertigten Bauteile [Men08, Zöl99, Jar08, Dus00]. In vielen Fällen kann es bei der Auslegung von Werkzeugen somit zu Zielkonflikten zwischen der Geschwindigkeit und der gleichmäßigen Wirkung der Temperierung kommen [May09]. Die Zusammenhänge werden im Detail durch das Kapitel 4 dargestellt.

2.3.2 Berechnungsverfahren für die Auslegung von Temperiersystemen für Spritzgusswerkzeuge

Für die Auslegung von Temperiersystemen in Spritzgusswerkzeugen bestehen verschiedene Herangehensweisen. Zöllner [Zöl99] teilt diese in drei Gruppen ein. Mit der Wärmestromanalyse wird anhand der im Werkzeug vorhandenen Wärmeströme analysiert, welcher Bedarf an Wärmeabführung oder Wärmezuführung besteht, und darauf aufbauend wird das interne Temperiersystem ausgelegt [Men08, Men07, Ree02, Zöl99]. Bei dieser Analyse wird der Wärmebedarf global für das Werkzeug betrachtet. Eine dezidierte Analyse lokaler Wärmeleitungsprozesse im Bauteil oder Werkzeug, etwa bei Bauteilecken, geschieht hingegen nicht. Zunächst wird mit der Annahme einer eindimensionalen Wärmeleitung die Zeit berechnet, die notwendig ist, die Wärme aus der Schmelze über die Werkzeugwand abzuführen. Hierbei sollen Schmelze und Werkzeugwand in der Regel vom Kunststoffhersteller vorgegebene Temperaturen aufweisen. Im nächsten Schritt wird betrachtet, welche Wärmeströme im Werkzeug auftreten. Neben der Formteilwärme sind das durch Heizelemente eingebrachte Wärmeströme oder Wärmeabgaben über die Werkzeugaußenwände. Aus der bestehenden Differenz lässt sich der notwendige Temperier-Volumenstrom errechnen, der vom Temperiersystem aufzubringen ist. Anhand der weiteren Kriterien wie des Durchmessers der Temperierkanäle, des Druckverlustes im System, welches von der Pumpe des Temperiergerätes aufgebracht werden muss und der gewünschten Gleichmäßigkeit der Wandtemperatur, die wiederum von der Anzahl und Verteilung der Temperierkanäle abhängig ist, kann ein passendes System ausgelegt werden. Eine Verallgemeinerung der Gegebenheiten im Werkzeug tritt dadurch ein, dass die Berechnungen am Wärmebedarf eines zuvor als kritisch angenommenen Bauteilbereiches ausgerichtet und auf die restlichen Elemente des Werkzeugs übertragen werden [Men08, Men07, Ree02, Zöl99].

Die oben beschriebene Wärmestromanalyse geht hier von einem einfachen Fall aus, der in der Praxis oft nicht vorliegt. Sprünge der Bauteildicke, Eckeneffekte und dreidimensionale Wärmeflüsse lassen sich nicht mit einbeziehen. Eine Erweiterung für komplexe Geometrien stellt daher die segmentierte Temperaturberechnung dar, die Zöllner als zweite Auslegungsmöglichkeit benennt [Zöl99]. Diese setzt auf der Wärmestromanalyse auf und teilt das vorliegende Bauteil- und Werkzeuglayout in eine Vielzahl von Einzelsegmenten auf. Innerhalb dieser Einzelsegmente wird durch die Berechnung der Wärmeleitung und gegebenenfalls der lokalen Anpassung der Temperierkanäle ein gleichmäßiger Temperiereffekt auf der Werkzeugoberfläche sichergestellt und Eckeneffekte oder Temperatursprünge werden ausgeglichen [Zöl99]. Die Berechnung bleibt grundsätzlich jedoch in einer zweidimensionalen Betrachtung der Wärmeflüsse und vernachlässigt dreidimensionale Effekte. Auch werden jeweils idealisierte Grundstrukturen angenommen, die oft in der Praxis nicht vorliegen.

Die dritte Kategorie zur Analyse und Auslegung eines Temperaturlayouts ist die Computersimulation. Auf dem Markt befinden sich diverse Systeme zur Spritzgusssimulation, die den komplexen und dynamischen Spritzgussprozess abbilden können und dabei dreidimensionale Wärmeströme mit einbeziehen [Men08, Zöl99, Ste08]. Nach dem Stand der Technik gibt es jedoch auch hier insbesondere im Hinblick auf Temperiersysteme Vereinfachungen, die das Berechnungsergebnis vom realen Prozessablauf unterscheiden können. Neben den allgemein bestehenden Unschärfen und Problemen einer Computersimulation entsteht eine Beschränkung daraus, dass die bestehenden, am Markt verfügbaren Spritzgusssimulationsprogramme zwar den Fluss der Schmelze als dynamischen Prozess nachbilden können, die Vorgänge im Temperierkanal jedoch in der Regel nur mit Einschränkungen nachbilden können [May09]. Für die Berechnung eines dynamischen Temperiersystems ist eine CFD-Analyse (Computational Fluid Dynamics) notwendig. Diese kann dynamische Fließprozesse in den Temperierkanälen simulieren und hierbei den Wärmeübergang und die Strömungen berechnen, jedoch fehlt wiederum die Möglichkeit einer realitätsgetreuen Abbildung des Spritzgussprozesses.

2.3.3 Erweiterung der Konstruktionsmöglichkeiten im Werkzeugbau durch Einsatz der laseradditiven Fertigung

Für den Werkzeugbau bietet die laseradditive Fertigung gegenüber den konventionell eingesetzten Fertigungstechnologien Fräsen, Bohren und Erodieren die Möglichkeit, Werkzeugeinsätze zu fertigen und hierbei konturnahe Temperierkanalsysteme einzubringen, die mit den konventionellen Fertigungstechnologien nicht eingebracht werden können [Reh10, Zäh06, Kol10, Roh24]. Bei simplen bzw. ebenen Bauteilgeometrien können in einigen Anwendungen mitunter auch spanend konturnahe Temperiersysteme eingebracht werden, beispielsweise durch sich kreuzende Bohrungen, bei komplexen dreidimensionalen Konturen ist dies jedoch in der Regel ausgeschlossen [Jan14].

Üblicherweise werden mit den additiven Fertigungsverfahren nicht komplette Werkzeuge gefertigt, sondern z. B. für den Spritzguss nur die formgebenden Einsätze, weil diese komplexe Geometrien aufweisen und durch ein internes konturnahes Temperiersystem stark profitieren können [Hoc06]. Mit solchen Temperiersystemen können die Geschwindigkeit und die Gleichmäßigkeit des Temperierens während des Spritzgießens stark gesteigert und den Prozesserfordernissen angepasst werden. Die Literatur nennt hier ein Einsparpotential der Zykluszeit und der Stückkosten von 10 % bis 40 % durch optimierte Werkzeugtemperierung [Zöl99]. Neben der Verkürzung der Zeiten werden als Vorteil ebenfalls die präzisere Prozessregelfähigkeit und –stabilität durch konturnah geführte Temperiersysteme angeführt [May08, May09]. Insbesondere bei komplexen

Geometrien ermöglicht die optimierte Temperierung die Verminderung von Verzügen der Spritzgussbauteile [Kol10, Bra09, May09].

Nicht ausreichende Oberflächenqualitäten und Maßgenauigkeiten der lasergenerierten Werkzeugeinsätze erfordern in der Regel eine Nacharbeit der konturgebenden Geometrien mit spanenden Verfahren [Geb06], wofür ein geeignetes Aufmaß vorzusehen ist [Tre00]. Durch die vergleichsweise geringe Prozessgeschwindigkeit entstehen insbesondere für großvolumige Werkzeuggeometrien hohe Fertigungszeiten und –kosten [Reh10, Jan14]. Zu deren Verminderung ist es möglich, das so genannte Hybridverfahren zu nutzen. Hierbei werden die Bereiche des Werkzeugeinsatzes, die keine aufwändigen innenliegenden Geometrien besitzen, mittels des Fräsverfahrens gefertigt. Die Kühlkanäle mit begrenzter geometrischer Flexibilität können in diesen Grundkörper gebohrt werden. Ab einer definierten Ebene wird der Werkzeugeinsatz mit komplexen, innen liegenden Temperiergeometrien durch die oben beschriebenen additiven Verfahren auf dem vorgefertigten Grundkörper aufgebaut [Kol10]. Hierbei sind ein definierter Übergang zwischen den Temperiergeometrien in der Verbindungsebene und eine passende Kombination der Materialien von Grundkörper und Aufbau in Bezug auf Schweißbarkeit und Wärmeausdehnung sicherzustellen.

3 Zielsetzung und Vorgehen

3.1 Zielsetzung der Arbeit

Das laseradditive Fertigungsverfahren ist ein Beispiel dafür, dass Innovationen einer Fertigungstechnologie nicht nur eine schnellere, günstigere oder exaktere Erstellung bestehender Produkte ermöglichen können. Das Verfahren bietet die technologische Basis, gänzlich neuartige Produkte und Konstruktionen mit einzigartigen Eigenschaften zu fertigen, so dass eine größere Freiheit für die Konstruktion und Entwicklung besteht. Die innovativen Ansätze des Verfahrens bestehen neben der Automatisierung der Fertigung vor allem im Hinblick auf zwei Aspekte. Die mit den additiven Verfahren konkurrierenden Fertigungstechnologien wie das Fräsen oder Gießtechnologien haben in der Regel einen direkten Zusammenhang zwischen dem Fertigungsaufwand beziehungsweise den Fertigungskosten und der Komplexität der gefertigten Bauteile. Bei den additiven Verfahren wird dieser Zusammenhang durchbrochen. Durch die komplette Automatisierung der Produktionskette von der CAD-Zeichnung bis zum fertigen Bauteil entfällt dieser Zusammenhang weitgehend. Eine weitere, grundlegende Neuerung stellt die Möglichkeit dar, Bauteile mit komplexen Innengeometrien aufzubauen, die mit anderen Verfahren nicht gefertigt werden können.

Eine Anwendungsmöglichkeit solcher komplexen Konstruktionen sind Temperiersysteme für Spritzgusswerkzeuge. In der konventionellen Fertigungstechnologie werden die für die Temperierung der Spritzgussbauteile notwendigen Temperiermittelkanäle mittels Bohrtechnik in die Werkzeugformen eingebracht, wobei starke geometrische Restriktionen bestehen, weil lediglich gerade Kanäle mit rundem Durchmesser möglich sind. Mit dem additiven Verfahren lassen sich zunächst beliebige Kanalsysteme, z. B. mit gebogenen beziehungsweise der Werkzeug- und Bauteilkontur folgenden Verläufen, variierenden Durchmessern, Trennungen und Zusammenführungen im Inneren der Werkzeugform erzeugen. Darüber hinaus wird auch die Umsetzung gänzlich neuer Konstruktionen ermöglicht, die von bisherigen Temperiergeometrien komplett abweichen.

Im Rahmen dieser Arbeit sollen daher die Einflüsse innovativer Temperiersysteme von laseradditiv gefertigten Formeinsätzen auf den Prozessablauf des Spritzgießens und auf die sich aus dem Prozess ergebenden Eigenschaften der gefertigten Spritzgussbauteile analysiert werden. Darüber hinaus besteht die Zielsetzung, zu untersuchen, welche Potentiale sich durch komplett neue konstruktive Ansätze ergeben könnten, was anhand einer im Rahmen der Arbeit erstmals umgesetzten Hohlraumtemperierung realisiert wird. Hieraus soll abschließend abgeleitet werden, inwieweit bestehende Auslegungs- und Berechnungsregeln der Veränderung und Erweiterung bedürfen, um die Potentiale zu erschließen, die die additiven Fertigungsverfahren ermöglichen.

© Der/die Autor(en), exklusiv lizenziert an
Springer-Verlag GmbH, DE, ein Teil von Springer Nature 2026
H. Vogel, *Prozesseinflüsse laseradditiv gefertigter Kunststoffspritzgusswerkzeuge*,
Light Engineering für die Praxis, https://doi.org/10.1007/978-3-662-73055-3_3

3.2 Vorgehen

Die Untersuchung der Potentiale von additiv gefertigten Formeinsätzen mit innovativen Temperiersystemen wird in mehreren, aufeinander aufbauenden Schritten durchgeführt. Zunächst sollen die Potentiale anhand der bestehenden Auslegungs- und Berechnungsformeln im Kapitel 4 abgeschätzt werden. Gleichzeitig sind diese Auslegungsregeln des klassischen Werkzeugbaus auch auf ihre Anwendungsmöglichkeiten und Kompatibilität in Bezug auf die neuartigen Temperiergeometrien zu analysieren und die gegebenenfalls bestehenden Begrenzungen aufzuzeigen. Ein besonderes Augenmerk soll auf den Aspekt gelegt werden, ob der in der Fertigungstechnologie oft vorhandene Zielkonflikt zwischen Fertigungsqualität auf der einen Seite und den Fertigungskosten und –Fertigungszeiten auf der anderen Seite besteht oder ob die additiven Verfahren durch ihre konstruktiven Freiheiten die Möglichkeit bieten, für alle drei Aspekte eine Verbesserung zu realisieren.

Wegen der Begrenzungen der analytischen Regeln zur Auslegung sollen in einem weiteren Schritt im Kapitel 5 Effekte, die eine dreidimensionale Betrachtung notwendig machen, modellhaft mit Hilfe von Computersimulationen analysiert werden. Zunächst werden mit einer Wärme- und Strömungsanalyse die Möglichkeiten und Eigenschaften von additiv gefertigten Temperiersystemen anhand einer Basis-Werkzeuggeometrie untersucht. Um die Auswirkungen der Temperierung auf das Spritzgussbauteil und den Spritzgussprozess mit einzubeziehen, werden in einem zweiten Schritt Temperiersysteme in einer Spritzguss-Prozesssimulation untersucht. Die hierbei in den Fokus genommenen Aspekte betreffen insbesondere die Prozessgeschwindigkeit und den sich im Spritzgussprozess ergebenden Bauteilverzug.

Abschließend werden die theoretischen und mittels Simulationen untersuchten Zusammenhänge in experimentellen Versuchen im Kapitel 6 validiert. Hierfür werden verschiedene Temperiergeometrien in einem Testwerkzeug realisiert. Entsprechend den Computersimulationen werden zunächst die Temperiereigenschaften der aufgebauten Werkzeugeinsätze untersucht. Im Laborumfeld werden hierzu Thermographiemessungen mit verschiedenen Werkzeugformeinsätzen durchgeführt. Sowohl die Temperiergeschwindigkeit als auch die notwendige Gleichmäßigkeit der Temperierung sollen mittels der ermittelten, lokal aufgelösten Temperaturdaten bestimmt werden. Die Validierung der sich ergebenden Einflüsse auf den Spritzgussprozess und die Bauteilqualität werden anschließend in realen Spritzgussversuchen analysiert und dies wird den vorher ermittelten Ergebnissen gegenübergestellt.

In einem abschließenden Abschnitt werden die mit den unterschiedlichen Ansätzen erzielten Ergebnisse zueinander in Verbindung gesetzt und hierbei die Potentiale und mögliches Entwicklungspotential für die Konstruktion und Prozessführung beim Einsatz additiv gefertigter Werkzeuge mit innovativen Temperierungen analysiert.

4 Theoretische Analyse des Einsatzes innovativer Temperiersysteme

Die Entwicklung und Konstruktion von Spritzgusswerkzeugen ist ein aufwändiger Prozess mit vielen sich einander beeinflussenden Parametern und technischen Zusammenhängen. Hieraus entstehen teilweise gegenläufige Zielsetzungen, die in Kapitel 2 beschrieben wurden. Um dieser Komplexität Rechnung zu tragen, wird nach Mennig [Men08] vor der Erstellung einer detaillierten Werkzeugkonstruktion zunächst eine rheologische, dann eine thermische und erst zum Schluss eine mechanische Dimensionierung des Werkzeugs durchgeführt.

Der Phase der thermischen Auslegung des Werkzeugs kommt dabei eine wesentliche Bedeutung zu, weil hierdurch verschiedenste Zielparameter in Bezug auf Qualität, Kosten und Zeitaspekte der Fertigung beeinflusst werden. Für diese Auslegung eines Temperiersystems werden in der Praxis zwei verschiedene Methoden eingesetzt, das Bilanzraumverfahren und numerische Berechnungsverfahren, z. B. mittels Finite-Elemente-Berechnung (FEM) [Men08, Men07, Zöl99]. Beim Bilanzraumverfahren wird eine Bilanz der im Werkzeug auftretenden Wärmeströme aufgestellt, um den Temperierbedarf des Werkzeugs zu berechnen. Zöllner [Zöl99] stellt darüber hinaus die segmentierte Auslegung vor, die als eine Erweiterung des Bilanzraumverfahrens verstanden werden kann. Die numerischen Verfahren können hingegen mittels komplexer Computersimulationen für die gesamte Werkzeug- und Bauteilgeometrie lokal aufgelöst die thermischen und prozesstechnischen Zusammenhänge berechnen. Der Einsatz ist vor allem in Fällen von komplexen Bauteilgeometrien und sonstigen kritischen Zielsetzungen sinnvoll.

Im Folgenden sollen zunächst die physikalischen Grundlagen für Spritzgusswerkzeug-Temperiersysteme diskutiert werden. Hieraus kann die Dimensionierung anhand des Bilanzraumverfahrens abgeleitet werden, für deren konstruktive Umsetzung im Anschluss ebenfalls die Grundlagen dargestellt werden. Um die Eigenschaften additiv gefertigter Werkzeugtemperiersysteme im Vergleich zu herkömmlichen Temperiergeometrien zu analysieren, werden die verschiedenen möglichen Einflüsse auf die Prozessgeschwindigkeit, die Bauteilqualität und die Auswerferkräfte untersucht. Anhand einer Beispiel-Temperiergeometrie werden schließlich die Einflüsse unterschiedlicher Temperieransätze auf den Prozessablauf und die Bauteilqualität analysiert und deren Potentiale abgeleitet.

© Der/die Autor(en), exklusiv lizenziert an
Springer-Verlag GmbH, DE, ein Teil von Springer Nature 2026
H. Vogel, *Prozesseinflüsse laseradditiv gefertigter Kunststoffspritzgusswerkzeuge*,
Light Engineering für die Praxis, https://doi.org/10.1007/978-3-662-73055-3_4

4.1 Theoretische Grundlagen von Werkzeugtemperiersystemen

4.1.1 Physikalische Grundlagen der Wärmeübertragung

Ein Spritzgusswerkzeug besitzt neben der Funktion der Formgebung für das zu fertigende Spritzgussteil auch die Funktion eines Wärmetauschers [Men08]. Ein Wärmetauscher (auch als Wärmeübertrager [Her09] beziehungsweise Wärmeaustauscher [Wag09] bezeichnet) ist physikalisch gesehen eine Vorrichtung, bei der von einem Medium auf ein anderes Medium Wärme übertragen wird. Im Fall eines Spritzgusswerkzeugs steht hierbei der Wärmeübertrag zwischen dem Formteil und dem Werkzeug beziehungsweise dem Werkzeug und dem Temperiermedium im Vordergrund.

Im Folgenden soll zunächst auf die Grundbegriffe der Wärmeübertragung eingegangen werden. Nach Herwig [Her09] bezeichnet „Wärme" keine Energieform, sondern eine Energietransportform. Die Wärme und die Arbeit sind die zwei möglichen Arten, wie Energie über die Systemgrenze eines thermodynamischen Systems gelangen kann. Für die Wärmeübertragung ist ein Temperaturunterschied zwischen der Systemgrenze und dem Inneren eines Systems notwendig, was als treibende Temperaturdifferenz ΔT [K] bezeichnet werden kann. Für diese Wärmeübertragung ist die Wärmestromdichte $\dot{q}$ die wesentliche physikalische Größe, die die pro Flächeneinheit übertragene Leistung bezeichnet [Her09, Wag84]. Für die Beurteilung der „Qualität" eines Wärmeübertrags wird die Wärmestromdichte zur treibenden Temperaturdifferenz ins Verhältnis gesetzt, wofür die Begriffe Wärmeübergangskoeffizient α [Her09] oder Wärmeübergangszahl [Böc06] verwendet werden.

$$\alpha \equiv \frac{\dot{q}}{\Delta T} \tag{4.1}$$

Für das Vorliegen einer Wärmeübertragung gibt es nach Herwig [Her09] vier verschiedene Ausprägungen: Wärmeleitung, Konvektion, Wärmestrahlung sowie der Zweiphasen-Wärmeübergang. Teilweise werden in der Literatur auch nur drei oder zwei Arten unterschieden, z. B. Wärmeleitung und Wärmestrahlung [Böc06], wobei hier die Konvektion als Wärmeleitung zu einem bewegten Fluid als Untergruppe der Wärmeleitung definiert wird. In der Praxis treten die Ausprägungen jedoch oft gleichzeitig auf und überlagern sich. Die Basis des Zweiphasen-Wärmeübergangs ist der Wärmeübergang, der bei einem Fluid entsteht, wenn direkt an der Systemgrenze (z. B. einer Wand) ein Phasenwechsel des Fluids stattfindet und das Sieden oder die Kondensation Energie über die Systemgrenze zu- oder abführt. Aufgrund der Tatsache, dass ein Phasenwechsel im Temperiermedium eines Werkzeugs zu vermeiden ist, werden im Folgenden nur die Begriffe Wärmeleitung, Konvektion und Wärmestrahlung weiter betrachtet.

Wärmeleitung

Bei der Wärmeleitung liegt der Energietransport als Mechanismus in einem ruhenden Stoff vor, in welchem Temperaturunterschiede bestehen [Her09]. Der Wärmestrom tritt in Richtung der abnehmenden Temperatur auf. Der Zusammenhang zwischen der Wärmestromdichte $\dot{q}$ und dem Temperaturunterschied $d\vartheta$ [°C] ist mit dem Ansatz von Fourier gegeben. Mit λ wird hierbei die stoffspezifische Wärmeleitfähigkeit bezeichnet, die in der Einheit W/mK angegeben wird [Wag09, Her09].

$$\dot{q} = -\lambda \, \frac{d\vartheta}{dx} \tag{4.2}$$

Konvektion

Konvektion beruht auf Temperaturdifferenzen in Flüssigkeiten und Gasen, die Strömungen verursachen, wodurch Wärme von einer Stelle zu einer anderen transportiert wird. Es werden natürliche und erzwungene Konvektion unterschieden. Natürliche Konvektion beruht auf einer Strömung, die ausschließlich dadurch entsteht, dass in einem Medium unterschiedliche Temperaturen und somit Dichteunterschiede bestehen. Eine erzwungene Strömung liegt hingegen vor, wenn das Medium Druckunterschieden, z. B. durch eine Pumpe, ausgesetzt wird und somit eine Bewegung nach den Gesetzen der Strömungsmechanik erzwungen wird. [Böc06]

Wärmestrahlung

Wärmestrahlung erfolgt im Gegensatz zur Wärmeleitung oder Konvektion ohne stoffliche Träger. Sie besteht aus elektromagnetischen Wellen, die Wärme von einer Oberfläche zu einer anderen transportieren. [Böc06]

4.1.2 Rechnerische Bestimmung der Temperierleistung durch Analyse der Wärmestrome

Eine wesentliche Aufgabe eines Spritzgusswerkzeugs besteht neben der Formgebung in der Ab- oder Zuführung von Wärmeenergie. Bei Thermoplasten sollte der in das Werkzeug eingespritzten Formmassenschmelze schnell und gleichmäßig Wärme entzogen werden, bis das Bauteil steif genug ist, um ohne Beschädigungen entformt werden zu können [Men07]. Aus dem Formteil fließen Wärmeströme zu den Wänden der Werkzeugkavität und gehen dort auf das Werkzeug über. Darüber hinaus sind weitere Wärmeströme im Werkzeug vorhanden. Wird das gesamte Werkzeug als geschlossenes System betrachtet, lässt sich die Gesamtwärmestrombilanz für einen quasistatischen Zustand nach der Formel 4.3 aufstellen [Men07]. Die einzelnen Komponenten der Bilanz werden im Anschluss dargestellt.

$$\dot{Q}_{TM} + (\dot{Q}_{Ko} + \dot{Q}_{Lei} + \dot{Q}_{Str}) + \dot{Q}_{Zus} + \dot{Q}_{KS} = 0 \qquad (4.3)$$

Tabelle 4.1: Komponenten der Gesamtwärmestrombilanz im Spritzgusswerkzeug [vgl. Men07]

$\dot{Q}_{TM}$	Wärmestrom des Temperiermediums (Kapitel 4.1.2.4)
$\dot{Q}_{Ko}$	Wärmestrom an die Umgebung durch Konvektion (Kapitel 4.1.2.1)
$\dot{Q}_{Lei}$	Wärmestrom an die Umgebung durch Leitung (Kapitel 4.1.2.1)
$\dot{Q}_{Str}$	Wärmestrom an die Umgebung durch Strahlung (Kapitel 4.1.2.1)
$\dot{Q}_{Zus}$	Zusätzlich zugeführter Wärmestrom (z. B. Heißkanal) (Kapitel 4.1.2.3)
$\dot{Q}_{KS}$	Wärmestrom der Formmasse (Kapitel 4.1.2.2)

4.1.2.1 Wärmeaustausch mit der Werkzeugumgebung

Die Wärmeströme der Konvektion, Leitung und Strahlung lassen sich als Wärmestrom mit der Umgebung zusammenfassen [Men07].

$$\dot{Q}_U = \dot{Q}_{Ko} + \dot{Q}_{Str} + \dot{Q}_{Lei} \tag{4.4}$$

Die Wärmeströme mit der Umgebung erfolgen über die Außenseiten des Werkzeugs. Das Temperiersystem eines Formeinsatzes im Werkzeug hat auf diese Wärmeströme keinen Einfluss, so dass sie nicht in die weiteren Analysen einbezogen werden.

4.1.2.2 Abzuführender Wärmestrom im Formteil

Bauteilen aus thermoplastischen Werkstoffen wird nach dem Einspritzen der Formmasse im Spritzgusswerkzeug Wärme entzogen, bis das Bauteil steif genug für den Entformungsvorgang ist. Die Formmasse im Werkzeug verhält sich dabei wie ein abgeschlossenes thermodynamisches System. Eine Änderung der inneren Energie entspricht der Menge an Wärme, die an das Werkzeug abgegeben oder von ihm aufgenommen wird [Ham03]. Im Verlauf der Kühlphase sinkt die Temperatur der Formmasse, und damit auch der vom Formteil abgegebene Wärmestrom.

Unter Vernachlässigung seiner zeitlichen Veränderung kann der innerhalb der Zykluszeit abzuführende Wärmestrom aus dem Quotienten der abzuführenden Wärmemenge des Formteils und der Zeit eines kompletten Spritzgusszyklus berechnet werden. Die Wärmemenge errechnet sich aus der Differenz zwischen der spezifischen Enthalpie zum Zeitpunkt des Eintritts der Schmelze in das Werkzeug und zum Zeitpunkt der Entformung in Verbindung mit der Formmasse des Bauteils [Men07]. Die zur Bestimmung der Zykluszeit notwendige Kühlzeit kann auf diese Weise von den Gegebenheiten des Formteils abgeleitet werden (siehe auch Kapitel 4.1.2.5).

$$\dot{Q}_{KS} = \Delta h \cdot \frac{m_{KS}}{t_Z} \tag{4.5}$$

4.1.2.3 Zusätzlicher zugeführter Wärmestrom

Zur Beeinflussung des Prozessablaufes kann einem Werkzeug zusätzliche Wärme zugeführt werden. Dies kann beispielsweise mittels eines elektrisch betriebenen Heißkanals erfolgen, der ein Erstarren der Schmelze im Angusssystem verhindert. Dieser Fall soll im Folgenden jedoch nicht in die weiteren Analysen einbezogen werden.

4.1.2.4 Wärmestrom des Temperiermediums

Das Temperiermedium hat bei Werkzeugen für die Thermoplastverarbeitung die Aufgabe, dem Werkzeug Wärme zu entziehen und damit das Formteil abzukühlen. Teilweise wird auch die Möglichkeit genutzt, zur Verbesserung der Formfüllung das Werkzeug vor Beginn der Formfüllung aufzuheizen [Ste08] oder den Abkühlprozess zu verlangsamen. Dies ist in einigen Anwendungsfällen sinnvoll, weil neben einer hohen Abkühlgeschwindigkeit auch die Gleichmäßigkeit der Abkühlung über die gesamte Bauteiloberfläche von großer Relevanz ist, um eine hohe Qualität der gefertigten Bauteile sicherzustellen [Men07].

Das am häufigsten verwendete Temperiermedium in Spritzgusswerkzeugen ist Wasser. Alternativ können Öle für Prozesse mit hohen Temperaturen oder eine CO_2-basierte

Kühlung für Kühlsysteme mit kleinen Kanaldurchmessern verwendet werden. Der Vorteil einer Verwendung von Wasser als Temperiermedium ist vor allem die preiswerte und einfache Handhabung. Als Nachteile können allerdings die Verkalkung oder Ablagerung von Wasserstein sowie das Risiko von Korrosion im Temperiersystem genannt werden. [Men07, Zöl99]

Um eine Gleichmäßigkeit der Temperierung zu erreichen, sollte für das Kühlmedium eine maximale Temperaturerhöhung von 3–5 °C [Men07] und bei hohen Qualitätsanforderungen 1–2 °C [Ree02, Ste08] innerhalb des Werkzeugs erfolgen. Stricker [Str15] weist jedoch darauf hin, dass bei gängigen Literaturangaben keine Quelle oder Methodik zur Bestimmung der Werte benannt ist. Mit Hilfe der Dichte und der spezifischen Wärmekapazität des Temperiermediums lässt sich nach Formel 4.6 der hierzu notwendige Wärmestrom $\dot{Q}_{TM}$ bzw. Volumenstrom $\dot{V}$ der Temperierung berechnen [Men07]:

$$\dot{Q}_{TM} = \dot{V} \cdot \rho \cdot c_{TM} \cdot (\vartheta_{Ein} - \vartheta_{Aus}) \tag{4.6}$$

4.1.2.5 Berechnung der notwendigen Kühlzeit

Für die Berechnung der notwendigen Zeit zur Bauteilkühlung wird die minimale Zeit ermittelt, in der das Formteil von einer gegebenen Massetemperatur zum Zeitpunkt der Formfüllung auf eine festgelegte Entformungstemperatur unter den gegebenen Werkzeug- und Prozessparametern abkühlen kann. Der Wärmeaustausch zwischen der Formmasse und dem Temperiermedium erfolgt über das Werkzeug. Diese Art der Wärmeleitung wird durch die Fouriersche Differentialgleichung beschrieben [Men07]. Weil Spritzgussteile in der Regel flächiger Natur sind, wird die Wärme vor allem über die Dicke x des Bauteils in einer Richtung abgeführt. Deshalb kann in vielen Fällen vereinfachend von einer eindimensionalen Wärmeübertragung ausgegangen werden [Zöl99, Men07].

$$\frac{\delta\vartheta}{\delta t} = a \cdot \frac{\delta^2\vartheta}{\delta x^2} \tag{4.7}$$

Die Temperaturleitfähigkeit eines Werkstoffes ergibt sich dabei wie folgt [Men07]:

$$a = \frac{\lambda}{\rho \cdot c_p} \tag{4.8}$$

Die Wärmeleitfähigkeit ist vom Aggregatzustand der Schmelze abhängig. Aufgrund der kristallinen Strukturen sind im festen Zustand höhere Werte anzunehmen als im flüssigen Zustand, was von Bluhm [Blu96] auch in Versuchen bestätigt wurde. Durch diesen Zusammenhang und wegen der darüber hinaus bestehenden Temperaturabhängigkeit der Dichte und der spezifischen Wärmekapazität ist auch die Temperaturleitfähigkeit der Schmelze von der Temperatur abhängig [Blu96]. Wübken [Wüb74] zeigt jedoch, dass Thermoplaste in der Regel bei dem gleichen, dimensionslosen Abkühlgrad entformt werden. Der Abkühlgrad stellt das Verhältnis von verbleibender Temperaturdifferenz zwischen der mittleren Temperatur des Formteiles und der Wandtemperatur zum Zeitpunkt der Entformung sowie der ursprünglichen Temperaturdifferenz dar, die zum Zeitpunkt der Formfüllung zwischen Massetemperatur und Wandtemperatur vorlag. Wenn Formteile in der Regel zum gleichen Abkühlgrad entformt werden, kann nach Wübken [Wüb74] über den Verlauf des Abkühlprozesses ein Mittelwert für die Temperaturleitfähigkeit des Materials, die so genannte effektive Temperaturleitfähigkeit a_{eff}, erstellt werden. Dieser Wert stellt einen Ausgleich zwischen den hohen Werten im festen Aggregatzustand und den niedrigen im flüssigen Zustand her.

Unter den vereinfachten Annahmen, dass die Massetemperatur nach der Formfüllung zunächst einen einheitlichen Wert besitzt und die Wandtemperatur des Werkzeugs sowie die Temperaturleitfähigkeit zeitlich konstant bleiben, kann die Temperaturverteilung im Formteil in erster Näherung gemäß Formel 4.9 beschrieben werden [Men 07].

$$\vartheta - \vartheta_W = \frac{4}{\pi} \cdot (\vartheta_M - \vartheta_W) \sum_{n=0}^{\infty} \frac{1}{2n+1} \cdot e^{-\frac{a \cdot (2n+1)^2 \cdot \pi^2 \cdot t}{s^2}} \cdot sin \frac{(2n+1) \cdot \pi \cdot x}{s} \tag{4.9}$$

Wenn die konvergierende Reihe vereinfachend nach dem ersten Glied abgebrochen wird, gilt unter Einbeziehung der Randbedingungen am Ende der Kühlzeit für die Temperaturverteilung [Men07]:

$$\frac{\vartheta_E(x) - \vartheta_W}{\vartheta_M - \vartheta_W} = \frac{4}{\pi} \cdot e^{-\frac{a \cdot \pi^2 \cdot t_k}{s^2}} \cdot sin \frac{\pi \cdot x}{s} \tag{4.10}$$

Für die Bestimmung des richtigen Entformungszeitpunktes wird die mittlere Entformungstemperatur genutzt, die den integralen Mittelwert der Temperatur über dem Bauteilquerschnitt zum Zeitpunkt der Entformung bezeichnet [Zöl99]. Nach Menges [Men07] ergibt sich für Formel 4.10 durch Einsatz der mittleren Entformungstemperatur (integraler Mittelwert) und Logarithmierung die Gleichung zur Berechnung der Kühlzeit für das Formteil:

$$\frac{t_K \, a}{s^2} = \frac{1}{\pi^2} \, ln \left(\frac{8}{\pi^2} \cdot \frac{\vartheta_M - \vartheta_W}{\bar{\vartheta}_E - \vartheta_W} \right) \tag{4.11}$$

Für eine einfache ebene Platte mit einer Wanddicke s, die als Basisgeometrie für viele Spritzgussteile herangezogen werden kann, ist beispielhaft die Kühlzeitgleichung in Formel 4.12 dargestellt [Men07, Ste08, Zöl94].

$$t_K = \frac{s^2}{\pi^2 \cdot a_{eff}} \, ln \left(\frac{8}{\pi^2} \cdot \frac{\vartheta_M - \vartheta_W}{\bar{\vartheta}_E - \vartheta_W} \right) \tag{4.12}$$

4.1.2.6 Betrachtung der Einflussgrößen zur Reduktion der Kühlzeit

Für eine Reduktion der Kühlzeiten sind in den Formeln 4.11 und 4.12 wesentliche Stellgrößen enthalten, die als Prozess-, Bauteil- oder Werkzeugparameter Einfluss auf die Kühlzeit ausüben können. In Bezug auf die Entwicklung eines Spritzgussbauteils ist die Nutzung einer geringen Bauteildicke wesentlich, weil ein quadratischer Einfluss auf die Kühlzeit besteht. Die Bauteildicke ist jedoch in vielen Fällen aus Gründen der Festigkeit, des Designs oder der Funktion wenig veränderbar. Die Wahl einer niedrigen Massetemperatur bei der Formfüllung bzw. einer hohen Entformungstemperatur könnte die Zeit der Temperierung ebenfalls verkürzen. Jedoch können niedrige Massetemperaturen die Formfüllung beeinträchtigen und hohe Entformungstemperaturen können Auswirkungen auf den nach der Entformung entstehenden Bauteilverzug haben oder das Entstehen von Abdrücken der Auswurfstifte auf dem Formteil bewirken.

Die effektive Temperaturleitfähigkeit ist, wie oben beschrieben, in der Theorie zwar von den Prozess- bzw. Temperaturparametern abhängig, in der Praxis jedoch kaum veränderbar. Für die Auslegung der Werkzeugtemperierung besteht nach den Formeln 4.11 und 4.12 lediglich die Möglichkeit, den Faktor der Werkzeugwandtemperatur abzusenken. Bei dessen Absenkung sinkt der zu logarithmierende Klammerausdruck, wodurch die Kühlzeit ebenfalls sinkt. Der zugrunde liegende Wirkungszusammenhang ist dadurch gegeben, dass die Höhe der Wärmestromdichte durch das Temperaturgefälle direkt beeinflusst wird. Die Möglichkeiten, mit denen sich der Faktor Werkzeugwandtemperatur beeinflussen lässt, sind in den Kapiteln 4.1.3.5 und 4.2 beschrieben.

Vernachlässigt ist in dieser Betrachtung der Wärmeübergangskoeffizient zwischen Formteil und Werkzeugwand. Bluhm und Bruhn [Blu96, Bru06] machen deutlich, dass dieser in der Regel als hoch und daher im Vergleich zu den weiteren Wärmeübergängen und Wärmeleitungsvorgängen als vernachlässigbar angenommen werden kann und er zudem in der Praxis schwer messbar ist. Untersuchungen haben jedoch gezeigt, dass der Koeffizient im Verlauf der Zykluszeit stark abnimmt und hierbei insbesondere vom Abfall des Werkzeuginnendrucks abhängig ist [Blu96, Str15]. Eine Ursache liegt darin, dass das Spritzgussbauteil sich bei dem Schwindungsprozess von der Werkzeugwand ablöst und damit der für den Wärmeübergang notwendige Kontakt zwischen Bauteil und Werkzeugwand absinkt [Blu96], siehe auch Abbildung 4.1.

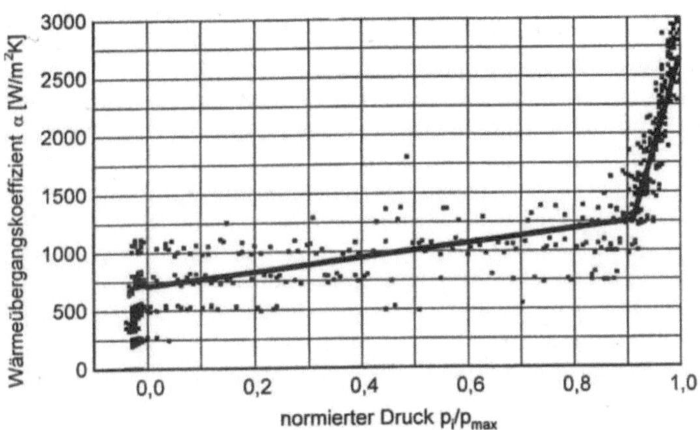

Abbildung 4.1: Korrelation zwischen Werkzeuginnendruck und Wärmeübergangskoeffizient [Blu96]

Neben der Abhängigkeit des Wärmeübergangskoeffizienten im Zeitverlauf ist durch diesen Zusammenhang anzunehmen, dass bei einem geometriebedingten, richtungsabhängigen Schwindungsverhalten vor allem diejenigen Werkzeugflächen eine starke Abkühlung gewährleisten, von denen sich das Bauteil beim Schwinden nicht ablöst. Dies ist beispielsweise beim Kern eines Werkzeugs für einen Hohlkörper der Fall, weil das Bauteil auf den Werkzeugkern aufschwindet. Für diese Flächen kann aufgrund der obigen Betrachtungen analog ebenfalls auf einen erhöhten Wärmeübergang und auch einen höheren Temperiereffekt eines Temperiersystems während der Kühlphase geschlossen werden. Für die additiv gefertigten konturnahen Temperiersysteme bedeutet das, dass deren Einsatz insbesondere bei Formkernen und Geometrieelementen sinnvoll ist, bei denen das Bauteil auf das Werkzeug in der Kühlphase aufschwindet bzw. sich nicht ablöst.

4.1.3 Konstruktive Umsetzung von Temperiersystemen für Spritzgusswerkzeuge

Die konkrete Auslegung eines Werkzeug-Temperiersystems besteht aus der Festlegung von Kenngrößen und Geometrien, die miteinander in funktionaler und thermischer Beziehung stehen. Diese Festlegungen für ein kanalförmiges Temperiersystem betreffen neben den Parametern des Temperiermediums die folgenden Punkte, auf die im Anschluss eingegangen wird:

- Abstände der Temperierkanäle untereinander und zur Werkzeugoberfläche
- Durchmesser der Temperierkanäle
- Geometrische Anordnung der Temperierkanäle im Werkzeug
- Berechnung des notwendigen Pumpendruckes zur Erzeugung eines ausreichenden Durchflusses des Temperiermediums

4.1.3.1 Abstände der Temperierkanäle untereinander und zur Werkzeugoberfläche

Bei der Formteilabkühlung ist gemäß der Darstellung in Kapitel 2.3.1 nicht nur die Abkühlgeschwindigkeit, sondern auch die Homogenität des Abkühlvorgangs von hoher Relevanz. Am Ende der Einspritzphase beziehungsweise zu Beginn des Abkühlvorganges kann von einer einheitlichen Massetemperatur der Kunststoffschmelze ausgegangen werden. Wenn jedoch im Anschluss eine inhomogene Temperaturverteilung auf der Werkzeugwand vorliegt, ergeben sich hieraus unterschiedliche Wärmeströme senkrecht zur Formteilwand. Durch die unterschiedlichen lokalen Temperaturdifferenzen zwischen Werkzeugwand und Formteilmasse können jeweils lokal unterschiedliche Abkühlgeschwindigkeiten und unterschiedliche Temperaturen zum Zeitpunkt der Entformung entstehen. Für die gefertigten Spritzgussbauteile kann dies zu unerwünschten Maßveränderungen oder Geometrieabweichungen (Verzug) führen.

Eine gleichmäßige Temperierung der mit dem Spritzgussbauteil in Kontakt stehenden Werkzeugflächen lässt sich erreichen, indem ein Temperierlayout gewählt wird, bei dem zum Beispiel mehrere Temperierkanäle mit vergleichsweise kleinen Durchmessern nebeneinander liegen. Der Abstand zwischen den Kanälen sowie der Abstand der Kanäle zur Werkzeugoberfläche sind dabei festzulegende Parameter, die sowohl die Homogenität als auch die Geschwindigkeit der Temperierung beeinflussen. Wird bei gleicher Anordnung der Temperierkanäle der Abstand zur Oberfläche verringert, ergibt sich aufgrund der konzentrischen Temperierwirkung der Kanäle eine Vergrößerung der Differenz zwischen Minimum und Maximum der Temperatur auf den einzelnen Flächen (siehe auch Abbildung 4.2) [Ree02, Zöl99]. Dies führt zu einem inhomogenen Abkühl- und Schwindungsverhalten des Spritzgussbauteils und ist auf ein ausreichend niedriges Niveau zu senken. Für die Verringerung der Temperaturdifferenz kann zum einen der Abstand des Temperiersystems zur Werkzeugoberfläche vergrößert werden oder aber der Abstand der Temperierkanäle zueinander verringert werden, wobei gegebenenfalls auch der Kanaldurchmesser verringert werden muss.

Ein Maß zur Beschreibung dieser auftretenden Wärmestromdifferenzen ist der Temperierfehler j. Dieser bezeichnet den Quotienten aus der maximalen Differenz der Wärmestromdichten und der mittleren Wärmestromdichte $\bar{q}$ zum Zeitpunkt der Entformung [Men07].

$$j = \frac{\dot{q}_{max} - \dot{q}_{min}}{\bar{\dot{q}}} \qquad (4.13)$$

Die Berechnung des Temperierfehlers für eine konkrete Werkzeugfläche ergibt sich nach Menges und Zöllner [Men07, Zöl99] aus Formel 4.14, wobei B den Abstand der Temperierkanäle untereinander und C den Abstand zwischen Werkzeugoberfläche und Temperierkanal bezeichnet.

$$j = 2{,}4 \cdot Bi^{0{,}22} \cdot \left(\frac{B}{C}\right)^{2{,}8\left|ln\left(\frac{B}{C}\right)\right|} \qquad (4.14)$$

Die Gleichung 4.14 gilt dabei für Temperierfehler $< 10\,\%$ (bzw. Werten für C zwischen 1 und 5 D_{TK} und B zwischen 2 und 5 D_{TK}). Rohne [Roh24] weist zudem darauf hin, dass die Berechnungsverfahren auf runde Temperierkanäle ausgerichtet sind und andere Kanalquerschnitte (z. B. rechteckig) nicht abbilden.

Für diese Berechnung ist die Biot-Zahl Bi (Formel 4.15) notwendig, die das Verhältnis aus dem Wärmeübergang vom Körper auf die Umgebung und der Wärmeleitung innerhalb des Körpers bzw. Werkzeugs angibt [Zöl99].

$$Bi = \frac{\alpha_{TM} \cdot D_{TK}}{\lambda_W} \qquad (4.15)$$

Durch die unterschiedlichen Wärmeströme im Werkzeug stellen sich auf der Oberfläche der Werkzeugwand Differenzen der Temperatur ein.

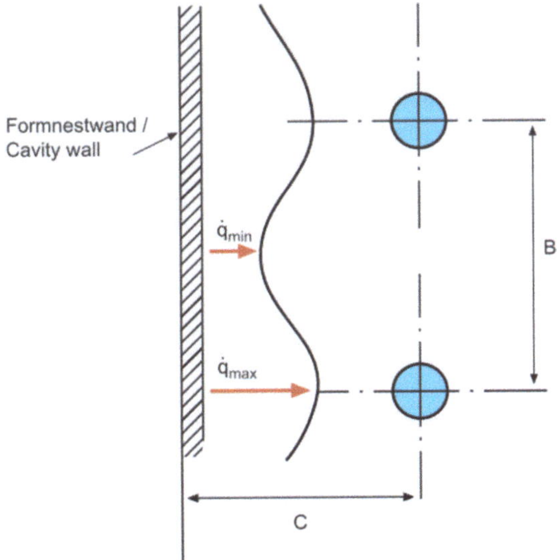

Abbildung 4.2: Wärmestromunterschiede in Abhängigkeit von der Lage der Temperierkanäle [Zöl99]

Menges [Men07] und Mennig [Men08] nennen als zulässige Temperierfehler 2,5 % bis 5 % für teilkristalline und 5 % bis 10 % für amorphe Kunststoffe. Ein größerer Temperierfehler kann über das wellenförmige Abkühlprofil wegen unterschiedlicher Ausprägung der Schwindung zu einer Welligkeit der gefertigten Spritzgussbauteile oder unterschiedlichen Oberflächeneigenschaften und Glanzgraden führen.

Physikalisch ideal wäre ein Temperierfehler von 0 %, der sich dadurch erreichen ließe, dass der Temperierkanal unter der Werkzeugwand die gleichen Maße wie das Formteil bzw. die temperierte Fläche aufweist [Zöl99]. Aufgrund von Steifigkeitsproblemen kann dieses jedoch in der Regel nicht direkt realisiert werden.

4.1.3.2 Durchmesser der Temperierkanäle

Zur Erreichung eines hohen Temperiermitteldurchflusses ist ein großer durchflossener Querschnitt bzw. Durchmesser im Temperiersystem anzustreben. Gleichzeitig ist für einen effizienten Wärmeübergang eine turbulente Strömung des Fluids notwendig. Bei einem großen Durchmesser besteht das Risiko, dass anstatt einer turbulenten eine laminare, d.h. gleichmäßige Strömung vorliegt und der Wärmeübertragungskoeffizient durch die geringere Durchmischung des Temperiermittels stark absinkt. Zudem ist bei einem großen Durchmesser gemäß Kapitel 4.1.3.1 zur Vermeidung eines großen Temperierfehlers ein großer Abstand zur Werkzeugoberfläche zu wählen, wodurch wiederum der Wärmeübergang vom Spritzgussbauteil vermindert wird [Ree02]. Eine Möglichkeit, diese gegenläufigen Zielsetzungen aufzulösen und eine gleichmäßige Temperierung bei einem gleichzeitig hohen Temperiermittelstrom zu erreichen, kann in der parallelen Anordnung mehrerer Temperierkanäle liegen (siehe auch Kapitel 4.1.3.3).

Zur Beurteilung, ob eine laminare oder die gewünschte turbulente Strömung des Temperiermediums vorliegt, dient die Reynolds-Zahl als dimensionsloser Faktor. Mit deren Hilfe kann der Zusammenhang zwischen dem für eine turbulente Strömung notwendigen Durchmesser und dem Volumenstrom des Temperiermittels hergestellt werden. Die Turbulenzen und Wirbelströmungen einer turbulenten Strömung sorgen für einen ständigen Wärmetransport von den Randschichten zur Mitte des Temperierkanals und somit für einen effektiven Wärmeübergang vom Werkzeug auf das Temperiermedium [Ree02, Men07]. Die dimensionslose Reynolds-Zahl sollte einen Wert von mindestens 2300 annehmen, damit von einer turbulenten Strömung mit gutem Wärmeübergang ausgegangen werden kann [Men07]. Rees [Ree02] hält einen höheren Wert von 4000 als minimal zu erreichendem Faktor für notwendig. Der maximale Durchmesser kann auf dieser Basis mit Formel 4.16 für einen gegebenen Temperiermitteldurchsatz unter Einbeziehung der kinematischen Viskosität berechnet werden [Men07].

$$D_{TK} < \frac{4 \cdot \dot{V}}{\pi \cdot 2300 \cdot v} \tag{4.16}$$

4.1.3.3 Geometrische Anordnung der Temperierkanäle im Werkzeug

Die Anordnung von Temperierkanälen im Werkzeug lässt sich grundsätzlich in serielle und parallele Anordnungen unterscheiden. In einer seriellen Anordnung durchfließt das Temperiermedium nacheinander alle Kanäle des Temperiersystems, wodurch es zu einem stetigen Anstieg der Temperatur im Medium auf seinem Fließweg kommt und dies eine ungleichmäßige Temperierung des Werkzeugs und Spritzgussbauteils zur Folge haben kann. Für die Elemente einer seriellen Kanalanordnung sollten gleiche Durchmesser angestrebt werden, weil der geringste Durchmesser einen Engpass darstellen würde.

Bei einer parallelen Anordnung wird das Temperiermedium durch Kanäle mit großen Durchmessern direkt bis an die Wirkstelle geleitet und dort gleichmäßig in kleinere, parallel verlaufende Kanäle aufgeteilt. Hierdurch ist auch der Temperaturanstieg auf die parallelen Kanäle aufgeteilt, so dass der Anstieg in den einzelnen Kanälen geringer ausfällt. Der Druckabfall nimmt durch die Parallelisierung der Kanäle ebenfalls einen geringeren Wert an als bei einem seriellen Layout, so dass ein höherer Temperiermitteldurchsatz erreicht werden kann. Es ist jedoch zu gewährleisten, dass bei den parallel geschalteten Systemelementen der jeweils gleiche Druckverlust vorherrscht, damit eine gleichmäßige Durchströmung sichergestellt ist. Die Vorteile der Parallelisierung stehen in der konventionellen Fertigung des Werkzeugs einem hohen Mehraufwand bzw. fertigungstechnischen Restriktionen sowie allgemein einer schwierigeren Berechenbarkeit gegenüber. [Vgl. auch Ree02]

Bei Kanalsystemen können die Druckverluste einzelner seriell angeordneter Systemelemente unter der Annahme einer eindimensionalen Strömung von Newtonschen Flüssigkeiten durch Addition der Einzeldruckverluste Δp_{vi} bestimmt werden [Men07].

$$\Delta p_{vi} = \frac{\rho}{2} \cdot v_i^2 \cdot \left(\lambda_i \frac{l_i}{d_{Tki}}\right) + \Sigma \xi_j \qquad (4.17)$$

Tabelle 4.2: Einflussfaktoren für Druckverlust eines einzelnen Temperierkanalabschnitts in Formel (4.17) [Men07]

Δp_{vi}	Druckverlust pro Kanalabschnitt
v_i	Strömungsgeschwindigkeit im jeweiligen Rohrabschnitt
ρ	Dichte des Temperiermittels
λ_i	Rohrreibungskoeffizient
l_i	Kanallänge
d_{Tki}	Temperierkanaldurchmesser
ξ_i	Verlustfaktor für Ecken, Querschnittssprünge und Einbauten
i	Anzahl der Rohrelemente
j	Anzahl der Verlustfaktoren pro Rohrelement

Die Rohrreibungskoeffizienten werden mit Hilfe der Reynolds-Zahl gebildet, während die Verlustfaktoren physikalischen Tabellen entnommen werden können [Men07, Zöl99]. Bei parallel geführten Kanälen nimmt der Gesamtdruckverlust jedoch anstatt der Addition der Einzeldruckverluste den Wert eines der parallelen Elemente an [Wag84]. Auf diese Weise lassen sich Druckverluste durch Parallelführung anstatt serieller Führung reduzieren.

Ein weiterer kritischer Aspekt bei der Anordnung der Elemente eines Temperiersystems liegt darin, dass auch bei komplexen Bauteilgeometrien alle Bereiche gleichmäßig temperiert werden müssen, um einen homogenen Erstarrungsvorgang zu erreichen. Ein solcher Aspekt ist beispielsweise die Temperierung von Formteilecken. Wird eine Seite der Eckengeometrie weniger gekühlt als die andere, verschiebt sich im Eckenbereich während des Erstarrungsvorganges der Bereich der plastischen Seele zur weniger temperierten Seite. Im weiteren Verlauf des Erstarrungsvorganges können an dieser Stelle Materialdefizite auftreten, die über die unterschiedliche Schwindung ein Abweichen des Winkels von dem in der Konstruktion vorgesehenen Wert verursachen können. [Zöl99]

4.1.3.4 Bestimmung des notwendigen Pumpendrucks

Die Dimensionierung und Auslegung des Temperiersystems und die Wahl des Pumpsystems sind in einer Weise aufeinander abzustimmen, dass der notwendige Temperiermitteldurchsatz nach Formel 4.18 unter Berücksichtigung der sich im Temperiersystem ergebenden Druckverluste sichergestellt wird.

Die Temperaturerhöhung des Temperiermediums sollte auf seinem Strömungsweg im Werkzeug gemäß Kapitel 4.1.2.4 in Abhängigkeit von der notwendigen Präzision des Spritzgussteiles nur wenige Grad Celsius betragen. Hierfür ist unter anderem ein hoher Durchfluss notwendig, wofür die Faktoren Druck, Durchmesser und Geometrie der Temperierkanäle sowie deren Zustand ausschlaggebend sind [Ree02]. Aus dem Gesamtdruckverlust Δp des Systems und dem notwendigen Volumenstrom $\dot{V}$ ergibt sich die notwendige Pumpleistung P des Temperiergerätes [Gro11].

$$P = \Delta p \cdot \dot{V} \qquad (4.18)$$

Eine Pumpenleistung unterhalb des als notwendig errechneten Wertes kann zu einem geringen Volumenstrom führen, so dass die gewünschte Temperaturdifferenz zwischen Zu- und Ablauf des Temperiermediums nicht eingehalten werden kann. Zudem verringert sich bei einem geringeren Volumenstrom der Wärmeübergangskoeffizient von der Wand des Temperiersystems zu dem Temperiermedium, wenn anstatt der turbulenten eine laminare Strömung vorliegen sollte, wodurch sich die Gesamttemperierleistung verringert.

4.1.3.5 Darstellung der Wärmeleitungsvorgänge im Werkzeug

Für die Wärmeleitungsvorgänge innerhalb des Formteils stellt nach Kapitel 4.1.2 die mittlere Werkzeugwandtemperatur bzw. Formnestwandtemperatur $\bar{\vartheta}_W$ [°C] ein wesentliches Kriterium für den Abkühlprozess dar. Dieser Temperaturwert stellt den Mittelwert der während des Spritzgusszyklus zwischen Minimum und Maximum schwankenden Temperatur der Formnestwand dar [Zöl99].

$$\bar{\vartheta}_W = \frac{\vartheta_{Wmax} + \vartheta_{Wmin}}{2} \qquad (4.19)$$

Die minimale Formnestwandtemperatur liegt direkt vor Beginn des Einspritzvorganges vor. Die maximale Formnestwandtemperatur ist als Kontakttemperatur von der Temperatur der Schmelze beim Einspritzen ϑ_M und der minimalen Wandtemperatur vor dem Einspritzen ϑ_{Wmin} sowie den jeweiligen Wärmeeindringfähigkeiten der in Kontakt stehenden Materialien (Werkzeugmaterial und Formmasse) abhängig und kann nach [Zöl99] wie folgt abgeschätzt werden.

$$\vartheta_{Wmax} = \frac{b_W \cdot \vartheta_{Wmin} + b_M \cdot \vartheta_M}{b_W + b_M} \qquad (4.20)$$

Durch die im Vergleich zur Kunststoffschmelze wesentlich höhere Wärmeeindringfähigkeit des Werkzeugmaterials sinkt die Temperatur in der Randschicht der Schmelze sehr schnell nahezu auf die Temperatur der Werkzeugwand ab [Bru06, Dus00].

Für die Berechnung der Wärmeleitungsvorgänge im Werkzeug werden zwei spezifische Temperaturgefälle zugrunde gelegt, die die Werkzeugwandtemperatur beeinflussen und gemeinsam die Differenz zwischen der Temperatur des Temperiermediums und der Werkzeugwandtemperatur bezeichnen. Das Temperaturgefälle 1 bezeichnet die Differenz zwischen der mittleren Formnestwandtemperatur und der Wandtemperatur des Temperierkanals. Das Temperaturgefälle 2 bezeichnet die Differenz zwischen der Temperiermitteltemperatur und der Wandtemperatur des Temperierkanals. Dieses Modell geht vereinfachend von einem eindimensionalen Wärmeleitungsvorgang aus. Die Zusammenhänge verdeutlicht Abbildung 4.3.

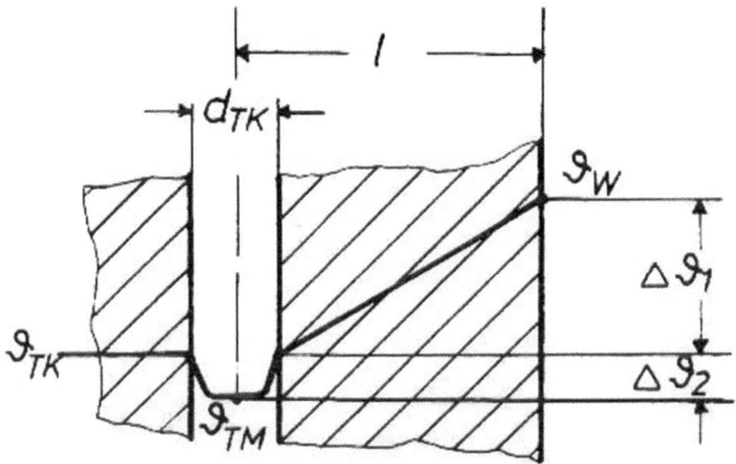

Abbildung 4.3: Temperaturverlauf und Temperaturgefälle im Werkzeug [Men07]

Das Temperaturgefälle $\Delta\vartheta_1$ entsteht durch die Wärmeleitung im Werkzeug und wird bestimmt durch die Wärmeleitfähigkeit des Werkzeugmaterials und den Abstand zwischen dem Temperierkanal und der Formnestwand [Men07]. Die Temperaturdifferenz $\Delta\vartheta_1$ zwischen der Werkzeug- bzw. Formnest-Wandtemperatur ϑ_W und der Temperatur des Temperierkanals ϑ_{TK} errechnet sich wie folgt:

$$\Delta\vartheta_1 = \frac{\dot{q} \cdot l}{\lambda_W} \qquad (4.21)$$

Das Temperaturgefälle $\Delta\vartheta_2$ bezeichnet den Temperaturunterschied innerhalb des Temperierkanals zwischen der Kanalwand ϑ_{TK} und der Temperatur des Temperiermediums in der Mitte des Kanals ϑ_{TM}. Es ergibt sich aus dem Wärmeübergangskoeffizienten an der Kanalwand und mittels des Flächenverhältnisses von relevanter Formteiloberfläche und Kanalwandoberfläche nach [Men07] wie folgt:

$$\Delta\vartheta_2 = \frac{A_{FT}}{A_{TK}} \cdot \frac{\dot{q}}{\alpha} \qquad (4.22)$$

Der für die Berechnung notwendige Wärmeübergangskoeffizient kann über die Verknüpfung der Nusselt-, Reynolds- und Prandtl-Zahlen sowie die Einbeziehung der Wärmeleitfähigkeit, des hydraulischen Durchmessers und ggf. der Korrekturfaktoren für spez. Temperierelemente nach Formel 4.23 berechnet werden [Men07]. Der Wärmeübergangskoeffizient beschreibt die Menge an Wärme, die pro Fläche und treibender Temperaturdifferenz übertragen wird.

$$\alpha = \frac{\lambda_{TM}}{d_h} \left(0{,}0235 \left[Re^{0,8} - 230 \right] \left[1{,}8\, Pr^{0,5} - 0{,}8 \right] \right) K_f \qquad (4.23)$$

Die in Formel 4.23 verwendeten dimensionslosen Kennzahlen Reynolds-Zahl Re und Prandtl-Zahl Pr sind wie folgt definiert [Men07]:

$$Re = \frac{4 \cdot \dot{V}_{TM}}{\pi \cdot v \cdot d_h} \qquad (4.24)$$

mit:

v kinetische Viskosität des Temperiermediums

$\dot{V}_{TM}$ Volumenstrom des Temperiermediums

$$Pr = \frac{v \cdot \rho \cdot c_P}{\lambda_{TM}} \qquad (4.25)$$

mit:

c_P spezifische Wärmekapazität

ρ Dichte des Temperiermediums

Mit Hilfe der oben dargestellten Einflussparameter kann die Werkzeugwandtemperatur des Formnestes beeinflusst werden, die wiederum einen wesentlichen Einfluss auf die Abkühlgeschwindigkeit und die Qualitätseigenschaften des Formteils besitzt. Die Zusammenhänge der Parameter und Auswahl geeigneter Stellgrößen zur Prozessverbesserung werden in den folgenden Abschnitten analysiert.

4.2 Analyse der Einflussgrößen der Werkzeugtemperierung auf die Prozesseigenschaften und die Bauteilqualität beim Spritzguss

Wie im Kapitel 4.1 beschrieben, dient das Werkzeug im Spritzguss neben der Formgebung auch als Wärmetauscher, der dem Spritzgussbauteil die in der Plastifiziereinheit zum Aufschmelzen der Formmasse zugeführte Wärme wieder entzieht, damit das Bauteil erstarrt und mit der durch das Werkzeug vorgegebenen Geometrie entformt werden kann. Aufgrund der geringen Wärmeleitfähigkeit geschieht der Abkühlprozess des Thermoplastwerkstoffes im Vergleich zum Ablauf des Einspritzvorganges sehr langsam, so dass die Kühlphase bestimmend für die Geschwindigkeit des gesamten Spritzgussprozesses ist [Wüb74]. Hierbei besteht unter Umständen ein Zielkonflikt zwischen der Geschwindigkeit des Abkühlprozesses, der Gleichmäßigkeit des Abkühlens und den daraus entstehenden Eigenschaften des Bauteils.

Eine ungleichmäßige Abkühlung kann, wie unter Kapitel 4.2.2 dargestellt, zu einem Verzug bzw. ungleicher Schwindung des Spritzgussbauteils führen, weil der Schwindungsprozess an verschiedenen Stellen des Bauteils zeitlich versetzt geschieht [Fuh04].

In der Praxis ist es vor allem von Bedeutung, die so genannten Hotspots zu vermeiden. An solchen Bauteilbereichen besteht eine im Vergleich zum restlichen Bauteil ungenügende Abkühlung, so dass diese Bereiche im Abkühlprozess sehr viel wärmer bleiben. Dies kann sowohl zu einem Verzug der Bauteile führen als auch gleichzeitig die Kühlzeit des gesamten Bauteils verlängern, weil der Bereich des Hotspots erst spät erstarrt.

Die Auslegung des Temperiersystems ist deshalb an dem Bereich des Formteiles auszurichten, welcher am längsten zu kühlen ist, bis die dortige Erstarrung die Entformung des Bauteils ermöglicht [Zöl99]. Im Folgenden werden die Einflussfaktoren der Temperierung und ihre mögliche Variation durch additiv gefertigte Temperiersysteme untersucht.

4.2.1 Auswirkungen der Temperierung auf die Geschwindigkeit des Spritzgießprozesses

Anhand der in den vorangegangenen Abschnitten dargestellten Zusammenhänge bestehen verschiedene Möglichkeiten, über die Beeinflussung der Bauteil-, Werkzeug- und Prozessparameter die Kühlzeiten im Spritzguss zu senken. Im Folgenden sind zunächst die Möglichkeiten dargestellt, die sich aus der Kühlzeitgleichung (Formel 4.12) ergeben.

- Verringerung der Wanddicke des Spritzgussbauteils
- Senkung der Massetemperatur bei Formfüllung
- Senkung der Wandtemperatur der Werkzeugoberfläche

Die Verringerung der Wandstärke des Bauteils hat einen quadratischen Einfluss auf den Kühlvorgang, sie ist jedoch in der Regel durch das Bauteildesign und Festigkeitsanforderungen vorgegeben und kann deshalb in vielen Fällen nicht vermindert werden. Der Einfluss der Wanddicke ist auch ein Grund, dass Materialanhäufungen zu vermeiden sind, weil diese als sogenannte Hotspots beziehungsweise als zuletzt erstarrender Bauteilbereich für die Länge der Kühlzeit bestimmend sind.

Ebenfalls kann die Kühlzeit durch eine Absenkung der Massetemperatur bei der Formfüllung verkürzt werden. Dieser Wert ist jedoch in der Regel durch den Hersteller als Prozessempfehlung vorgegeben und bei einer Senkung besteht das Risiko, dass die Formfüllung nicht mehr ausreichend gewährleistet ist oder die Oberflächeneigenschaften ungewollt verändert werden.

Der einzige Faktor der Kühlzeitgleichung (Formel 4.12), der direkt durch das Temperiersystem des Werkzeugs beeinflusst werden kann, ist die mit dem Bauteil in Kontakt stehende Wandtemperatur des Werkzeugs, die logarithmisch in die Kühlzeitberechnung eingeht. Untersuchungen haben gezeigt [Hoc06], dass für die maximale Temperatur, die zu Beginn des Spritzgussprozesses auftritt, weniger das Temperiersystem als das Material des Werkzeugs bzw. dessen Wärmeleitfähigkeit der bestimmende Einflussfaktor sind. Das Temperiersystem hat jedoch den entscheidenden Einfluss auf den weiteren Verlauf der Wandtemperatur im Spritzgussprozess. Durch ein effektives Temperiersystem kann ein starker Kühleffekt erreicht werden, während ein weniger effektives System ein langsameres Absinken der Werkzeug- und Bauteiltemperatur zur Folge hat.

Für diesen Kühleffekt sind gemäß den Formeln 4.21 und 4.22 zwei Temperaturgefälle zwischen dem Temperiermittel und der Werkzeugwand vorhanden und damit für die Kontakttemperatur am Spritzgussbauteil verantwortlich. Der erste Wert bezeichnet das Gefälle zwischen der mittleren Wandtemperatur der Werkzeugkavität und der Wandtemperatur des Temperierkanals. Der Unterschied zwischen der Temperiermitteltemperatur und der Wandtemperatur des Temperierkanals wird als das zweite Temperaturgefälle bezeichnet.

Die Wandtemperatur des Werkzeugs kann über das Temperaturgefälle 1 nach Formel 4.21 in der eindimensionalen Betrachtung durch drei Möglichkeiten gesenkt werden:

- Verwendung eines Werkzeugmaterials mit hoher Wärmeleitfähigkeit
- Verringerung des Abstands zwischen Temperierkanal und Formnestwand
- Verringerung der Temperierkanalwandtemperatur

Die Auswahl an Werkstoffen für das Werkzeug ist durch die Anforderungen der Anwendung nur begrenzt variierbar, insbesondere die Faktoren Dauerfestigkeit und Verschleißfestigkeit grenzen in vielen Fällen die Auswahl ein. Teilweise werden an bestimmten Stellen in der konventionellen Fertigung aber Werkzeugelemente mit hoher Wärmeleitfähigkeit (z. B. Kupferkerne) an Stellen eingebracht, an denen die mechanische Belastung nicht hoch ist, aber die Notwendigkeit einer guten Temperierung besteht.

Der Abstand zwischen Temperierkanal und Formnestwand ist vor allem durch zwei Aspekte begrenzt. Der Abstand ist so zu wählen, dass eine ausreichende Festigkeit der Werkzeugoberfläche gegenüber dem Einspritzdruck gewährleistet ist. Bei der konventionellen Fertigungstechnik bestehen darüber hinaus die Beschränkungen durch die Zugänglichkeit für die mechanische Fertigung. Mittels der konventionellen Fertigungstechnik des Bohrens ist es insbesondere für komplexe Geometrien nur begrenzt möglich, mit geringem Abstand zur Werkzeugwand Kanäle einzubringen, die derart geformt sind, dass eine gleichmäßige und direkte Temperierung gewährleistet ist. Für diesen Aspekt bietet die in Kapitel 2.1 beschriebene laseradditive Fertigung die Möglichkeit, in einem konstanten Abstand zur Werkzeugwand ein komplexes und konturfolgendes System von Temperierkanälen zu schaffen, welches sowohl eine schnelle als auch eine gleichmäßige Temperierung des Formteils gewährleisten kann. Eine Möglichkeit, einen geringen Abstand zwischen Werkzeugwand und Temperierkanälen zu realisieren, besteht darin, mehrere Kanäle mit einem kleinen Durchmesser nebeneinander zu positionieren. Diese bieten im Vergleich zu einem einzelnen Kanal mit großem Durchmesser eine höhere Festigkeit und können deshalb näher an der Werkzeugwand positioniert werden.

Über das Temperaturgefälle 2 sind nach Formel 4.22 ebenfalls Möglichkeiten vorhanden, mittels der Werkzeugauslegung den Temperiereffekt zu beeinflussen und ggf. eine kürzere Kühlphase des Spritzgussbauteils zu erreichen.

- Senkung Verhältnis der Oberfläche des Formteils zur Oberfläche des Temperiersystems, indem die Fläche des Temperiersystems vergrößert wird
- Erhöhung Wärmeübergangskoeffizient
- Senkung Temperatur des Temperiermittels

Das Verhältnis der Oberflächen des Formteils und des Temperiersystems ist ein Ansatzpunkt für den Einsatz innovativer, additiv gefertigter Werkzeugformen. Durch die Möglichkeit, parallele Kanäle aufzubauen, kann die Austauschfläche des Temperiersystems im Gegensatz zu konventionell gefertigten Werkzeugen stark erhöht werden. Dies wird auch in den Kapiteln 5 und 6 mittels Simulation und experimenteller Spritzgussversuchen näher untersucht.

Der Wärmeübergangskoeffizient kann durch die Wahl geringer hydraulischer Kanaldurchmesser sowie eine höhere Reynolds- und Prandtlzahl vergrößert werden. Mit der additiven Fertigung ist es möglich, anstatt weniger großer Temperierkanäle eine Aufspaltung auf eine Vielzahl von parallelen Kanälen mit geringerem Durchmesser vorzusehen, so dass hier ein erhöhter Wärmeübergangskoeffizient zu erwarten ist. Ein sinkender hydraulischer Durchmesser erhöht nach Formel 4.24 die Reynolds-Zahl, wenn der Volumenstrom konstant ist. Sinkt er hingegen durch den höheren Druckverlust ab, hat dies jedoch einen negativen Einfluss auf die Reynoldszahl, so dass hier ein Zielkonflikt bestehen kann, der bei der Auslegung zubeachten ist. Die für die Berechnung des Wärmeübergangskoeffizienten nach Formel 4.25 notwendige Prandtl-Zahl ist hingegen nur durch die Wahl des Temperiermittels, nicht jedoch durch die Auslegung des Temperiersystems beeinflussbar.

Durch die Wahl einer tieferen Temperiermitteltemperatur kann bei gleichem Temperaturgefälle die Temperatur der Temperierkanaloberfläche gesenkt werden, wodurch über das Temperaturgefälle 1 die mittlere Wandtemperatur des Formeinsatzes ebenfalls gesenkt werden kann. Dies ist in der Praxis jedoch nur begrenzt möglich und ggf. mit hohen Energiekosten und apparativem Aufwand verbunden.

Zusammenfassend lassen sich die folgenden Faktoren nennen, mit denen auf theoretischer Basis beim Einsatz innovativer Temperiersysteme über eine verstärkte Temperierung der Spritzgusszyklus verkürzt werden kann:

- Erhöhung der Oberfläche des Temperiersystems, d.h. Verringerung des Verhältnisses der Oberfläche des Formteils zu Oberfläche des Temperiersystems
- Verringerung des Abstands zwischen Temperierkanal und Formnestwand
- Verringerung hydraulischer Kanaldurchmesser
- Erhöhung Temperiermittelgeschwindigkeit
- Erhöhung Wärmeübergangskoeffizient zwischen Temperiermittel und Temperiermedium über verändertes Strömungsverhalten
- Verringerung Temperiermitteltemperatur

4.2.2 Auswirkung der Werkzeugtemperierung auf die Bauteilqualität

Aufgrund der geringen Wärmeleitung von Thermoplasten ist die Kühlzeit bestimmend für die Prozessgeschwindigkeit, während der Einspritzvorgang zeitlich im Vergleich sehr kurz ist. Für die Qualität der Bauteile ist jedoch auch die Einspritzphase von Bedeutung, weil starke Beeinflussungen zwischen dem Temperatur- und dem Strömungsfeld sowie dem Erstarrungs- und Kristallisationsvorgang des Kunststoffes bestehen [Wüb74, Dus00]. Das Erzielen einer niedrigen Zykluszeit durch eine niedrige Werkzeugtemperatur kann unter Umständen zu einer sinkenden Formteilqualität führen, weil Oberflächenaussehen, Schwindung, Eigenspannungen, Gefügeausbildung und Maßabweichungen der Bauteile beeinflusst werden können [Zöl99]. Die Zusammenhänge können in materialtechnische Auswirkungen und die Maß- und Formveränderungen der Geometrie unterteilt werden.

4.2.2.1 Materialtechnische Auswirkungen der Werkzeugtemperierung

Die Verläufe der Einspritz- und der Kühlphase eines Spritzgussprozesses haben einen wesentlichen Einfluss auf die materialtechnischen und optischen Eigenschaften des gefertigten Spritzgussbauteiles. Der Einspritzvorgang ist ein komplexes Zusammenspiel aus dem eigentlichen Fließvorgang und Wärmetransportmechanismen [Jüt03]. Die Orientierung der langkettigen Moleküle ist vor allem durch den Fließvorgang beeinflusst. Deformationen der Molekülketten gibt es vor allem aufgrund zweier Ursachen, der Dehnungen aufgrund unterschiedlicher Geschwindigkeitsprofile und der Scherungen durch die verschiedenen Geschwindigkeitsprofile benachbarter Schmelzfäden [Wüb74].

Im angussnahen Bereich besteht ein klar differenziertes Geschwindigkeitsprofil mit einer erstarrten Randschicht und einem starken Fließen im Kern. An der Fließfront besteht hingegen ein einheitliches Geschwindigkeitsprofil ohne Ausbildung einer Randschicht. Abseits der Fließfront ist die Schergeschwindigkeit nahe der erstarrten Randschicht am höchsten [Dus00]. Dusel definiert drei Bereiche des erstarrten Bauteilquerschnitts. Die Mitte des Bauteils besitzt aufgrund der langsamen Abkühlgeschwindigkeit ein grobes, sphärolithisches Gefüge. Bei diesem bestehen von einzelnen Kristallisationskeimen ausgehend, kristalline Elemente nebeneinander. Die randnahen Bereiche besitzen hingegen aufgrund der hohen Scher- und Abkühlgeschwindigkeiten ein sehr feinkörniges Gefüge. Die direkt mit der Werkzeugwand in Kontakt stehende Schicht besteht aus höchst feinkörnigem Gefüge, welches praktisch zu einem amorphen Erscheinungsbild führt [Dus00]. Das Maximum der Schergeschwindigkeit bewegt sich mit fortschreitender Abkühlung und einer niedrigeren Werkzeugwandtemperatur aufgrund einer gewachsenen Randschicht in das Innere des Spritzgussbauteils und wächst darüber hinaus auch an [Wüb74, Zöl94]. Auch Jüttner [Jüt03] beschreibt diesen Zusammenhang und stellt fest, dass bei einer höheren Massetemperatur oder höherer Werkzeugtemperatur aufgrund einer geringeren Randschichtbildung eine geringere Schergeschwindigkeit und eine geringere Orientierung der Molekülketten vorliegen.

Auch nach dem Ende der Einspritzphase bestehen weitere Einflussfaktoren des Abkühlvorganges auf die Materialeigenschaften. Am Ende des Einspritzvorganges sind die Molekülketten entsprechend den Fließwegen orientiert. Aufgrund der verminderten Entropie strebt der Werkstoff an, anstatt der geordneten Orientierung eine statistisch verteilte Orientierung einzunehmen. Dies ist in der flüssigen Phase auf einfache Weise möglich. Die Relaxationszeit liegt jedoch deutlich über der Erstarrungszeit, somit gibt es im Spritzgussprozess ein „Einfrieren" der geordneten Molekülorientierung. Eine hohe Formtemperatur und langsame Kühlung erzeugen weniger Spannungen und eine geringere Orientierung der Polymerketten [Jan93]. Diese Orientierung der Moleküle sorgt für anisotropische Eigenschaften der gefertigten Bauteile. Beispielsweise ist die Festigkeit in der Orientierungsrichtung größer als in der Senkrechten dazu. Dort bestehen weniger Hauptvalenzbindungen und an kritischen Bereichen entlang der Orientierungsrichtung können sich Fließzonen und Mikrorisse bilden. Zudem haben Bauteile mit starker Molekülorientierung eine verstärkte Tendenz, bei höheren Temperaturen im Zeitverlauf nachzuschwinden [Jüt03, Zöl94].

Beim Übergang vom flüssigen zum festen Zustand finden bei teilkristallinen Werkstoffen auch Kristallisationsprozesse statt, deren Verlauf die Schwindung und das Gewicht des Bauteils beeinflussen [Men07]. Das Entstehen wachstumsfähiger Keime, die als Ausgangsbasis für den weiteren Kristallisationsvorgang dienen, wird als Primärkeimbildung bezeichnet. Dieser Keimbildungsprozess kann innerhalb des Werkstoffvolumens durch freie Dichtefluktuation geschehen (homogene Keimbildung) oder an der Oberfläche zu anderen Phasen bzw. der Werkzeugwand (heterogene Keimbildung) auftreten. Durch Fremdstoffe oder den Zusatz so genannter Nukleierungshilfsmittel kann der Keimbildungsprozess wesentlich beschleunigt werden [Mon01].

Dusel [Dus00] stellt fest, dass bei langsamen Abkühlgeschwindigkeiten eine gröbere Kristallisation im Bauteil vorliegt. Die Bauteile haben hierdurch eine größere Festigkeit, jedoch auch eine höhere Sprödigkeit. Bei einer niedrigen Formnestwandtemperatur, die die Geschwindigkeit der Abkühlung erhöhen würde, kann jedoch die Abformbarkeit von der Werkzeugfeinstruktur schwächer ausgeprägt sein [Wüb74, Zöl94]. Jedoch ist nicht nur die Höhe der Wandtemperatur von Bedeutung. Steinko [Ste08] stellt fest, dass lokal unterschiedliche Werkzeugwandtemperaturen innerhalb eines Werkzeugs Glanzunterschiede im Formteil verursachen können. Für teilkristalline Thermoplaste sollten maximale Abweichungen von 5 % bis 10 % bei der Werkzeugwandtemperatur vorliegen.

Zusammenfassend kann anhand der genannten Quellen gesagt werden, dass die Geschwindigkeit des Abkühlvorganges auch Auswirkungen auf die Materialeigenschaften des Spritzgussbauteils besitzt. In kritischen Anwendungen könnte ein leistungsfähiges Temperiersystem auch dazu dienen, das Werkzeug zu Beginn des Spritzgusszyklus zunächst aufzuheizen und dann schnell zu kühlen. In jedem Fall ist aber auch die Gleichmäßigkeit der Abkühlung ein zu erreichender Faktor, um lokale Materialunterschiede durch die o.g. Effekte zu vermeiden.

4.2.2.2 Auswirkungen der Werkzeugtemperierung auf die Schwindung und den Verzug der Spritzgussbauteile

Die Maßhaltigkeit ist für Kunststoffspritzgussbauteile ein wesentliches Qualitätskriterium, welches auch durch die Temperierung des Spritzgusswerkzeugs beeinflusst wird. Diese Maßveränderungen eines Bauteils sind bei der Konstruktion des Werkzeugs durch eine entsprechende Vergrößerung der Maße der Kavität zu berücksichtigen. Bei den als Schwindung und Schrumpf bezeichneten Vorgängen liegt neben einer Abhängigkeit von den Verarbeitungsparametern vor allem ein Zusammenhang mit der Materialart des Kunststoffes und den Bauteilgeometrien vor. Zöllner [Zöl01] unterscheidet die Begriffe Schwindung und Schrumpf dahingehend, dass die Schwindung auf der Wärmedehnung und Kompressibilität von Kunststoffen beruht und zu einer Volumenverminderung führt. Den Begriff Schrumpf definiert er als Formänderung, bei der das Volumen konstant bleibt. Menges [Men07] definiert den Schrumpf als eine unterschiedliche Schwindung entlang und entgegen der Orientierungsrichtung durch Orientierungsrelaxation. Quantitativ werden Schwindungen nach Menges [Men07] anhand Formel 4.26 angegeben. Hierbei wird die Differenz eines Maßes der Werkzeugkavität und des entsprechenden Maßes des Formteils zum Maß der Werkzeugkavität in Bezug gesetzt.

$$S = \frac{l_W - l_{FT}}{l_W} \cdot 100\% \tag{4.26}$$

Während Schwindung und Schrumpf vor allem materialbedingt sind, werden als Verzug Formveränderungen bezeichnet, die vorwiegend durch prozessbedingte Schwindungsdifferenzen am Bauteil entstehen. Die Ursachen hierfür können in Wanddickenunterschieden, Nachdruckdifferenzen und Unterschieden in der Temperierung liegen. [Zöl01, Men07, Men 08]

Nach Wübken [Wüb74] findet beim Einspritzen ein schnelles Anpassen der Temperatur zwischen der Werkzeugwand und der Randschicht des Formteils statt, so dass der Abkühlprozess direkt beim Einspritzen startet. Damit verbunden ist auch der Schwindungsprozess. Bei vielen Werkzeuggeometrien, wie z. B. Zylindern oder quaderförmigen Elementen ist die Schwindung teilweise durch das Werkzeug behindert, so dass das

Bauteil beispielsweise auf einen Werkzeugkern aufschwindet [Pon02]. Dieses ist jedoch stark abhängig von der Bauteilgeometrie, der Werkzeuggeometrie, den Bauteil- und Werkzeugmaterialien sowie den Prozesseigenschaften. Die Schwindung entsteht neben der temperaturbedingten Volumenkontraktion auch durch Desorientierungsvorgänge auf Molekülebene. Die Molekülketten, die durch den Einspritzvorgang eine Ausrichtung besitzen, streben aufgrund des Gesetzes der Entropie einen ungeordneten Zustand höherer Entropie an. Hierbei kann zwischen Relaxation und Retardierung unterschieden werden. Relaxation liegt vor, wenn die Schmelze ohne äußeren Zwang schwinden kann (freie Schwindung), als Retardierung bezeichnet man den Schwindungsvorgang, wenn er von der Werkzeuggeometrie behindert wird, so dass die Makrogeometrie erhalten bleibt [Wüb74]. Hierbei ist zu beachten, dass die Geschwindigkeit der Relaxation wesentlich höher als die der Retardierung liegt. Die Desorientierungsvorgänge der Molekülketten geschehen also in der unbehinderten freien Schwindung wesentlich schneller als im behinderten Zustand im Werkzeug.

Durch die Parameter des Spritzgussprozesses und die Werkzeuggeometrie lassen sich die Schwindungsvorgänge in bestimmten Grenzen beeinflussen. Eine Erhöhung des Nachdrucks und der Nachdruckzeit sorgt bei einem frei schwindenden Bauteil für eine Verringerung der Schwindung [Zöl01]. Die Ursache liegt darin, dass durch den Nachdruck die Volumenkontraktion durch nachfließende Schmelze kompensiert wird. Eine Verminderung der Werkzeugwandtemperatur kann den gegenteiligen Effekt haben. Die Abkühlgeschwindigkeit des Spritzgussbauteils wird von der Differenz zwischen Werkzeugwand- und Formmassetemperatur bestimmt. Eine niedrige Werkzeugoberflächentemperatur erhöht bei konstanter Formmassetemperatur die Abkühlgeschwindigkeit und kann über eine Erhöhung der Bauteilmasse in der Nachdruckphase eine Senkung der Bauteilschwindung erzeugen [Ham03, Pon02]. Einen entgegenstehenden Einfluss kann ein hoher Kühleffekt jedoch durch die Absenkung des Kristallisationsgrades während der Kühlphase erzeugen [Zöl94]. Fehlt der Formmasse die ausreichende Zeit zur Ausbildung eines hohen Kristallisationsgrades, so nehmen die Polymerketten mehr Volumen ein und die Dichte des erstarrten Werkstoffes sinkt.

Ein weiterer Einfluss der Temperierung auf die Schwindung ergibt sich auch durch den Zusammenhang, dass der Anteil der im Werkzeug stattfindenden Verarbeitungsschwindung bei einer niedrigen Temperatur des Formnestes zu Gunsten der freien Schwindung sinkt. Diese freie Schwindung findet nach der Entformung statt, wobei der Wert der Gesamtschwindung nahezu unverändert bleibt [Zöl99, Zöl01]. Im Rahmen von Versuchen mittels Spritzgussprozessen und Computersimulationen konnte die Hochschule Wismar [Hoc06] nachweisen, dass sowohl die Leistungsfähigkeit und Konturnähe des Temperiersystems als auch die Wärmeleitfähigkeit des Werkzeugmaterials einen wesentlichen Einfluss auf den Verzug des Bauteils haben. Liegt darüber hinaus ein ungleichmäßig gekühltes Bauteil vor, so kann es zusätzlich zu Durchbiegungen in Richtung der geringeren Kühlung kommen [Jan93].

Diese Unterschiede im Schwindungsverhalten haben einen direkten Einfluss auf die Bauteilmaße, insbesondere in Bezug auf die freie Schwindung, die schwer voraussagbar ist. Darüber hinaus entstehen solche Unterschiede insbesondere bei komplexen Geometrien und kurzen Kühlzeiten, weil ein örtlich unterschiedlich verlaufender Schwindungsprozess für einen Verzug des Spritzgussbauteils sorgen kann. Als Beispiele nennt Zöllner [Zöl99] durchbiegende Seitenwände oder Bauteilecken, deren Winkel vom Sollmaß abweichen.

Zusammenfassend kann gesagt werden, dass die Temperierung von Werkzeugen einen großen Einfluss auf die Maßhaltigkeit und Formtreue von Spritzgussteilen ausübt. Insbesondere eine ungleichmäßige Temperierung führt zu einem großen Risiko von Form- und Maßabweichungen. Dies stellt einen Ansatzpunkt für den Einsatz additiver Verfahren der Werkzeugerstellung dar. Ein Werkzeugtemperiersystem mit konturnaher und ggf. an den Wärmebedarf des Bauteils angepasster Geometrie kann im positiven Fall sowohl leistungsfähig temperieren als auch eine hohe Gleichmäßigkeit der Temperierung und eine damit einhergehende Verminderung von Form- und Maßabweichungen erreichen. Gleichzeitig könnten durch Variation der Temperierparameter auch die Schwindung und der Verzug gezielt verändert werden. Beispielsweise könnten durch Veränderung des Verhältnisses der Temperierung der beiden Werkzeughälften bei einem leistungsfähigen Temperiersystem gezielt Einfluss genommen werden (siehe auch Kapitel 6.3).

4.2.3 Auswirkung der Werkzeugtemperierung auf die Auswerferkräfte

Das Auswerfersystem eines Spritzgusswerkzeuges soll am Ende des Spritzgusszyklus das sichere Entformen des Spritzgussbauteiles aus dem Werkzeug sicherstellen. Hierbei ist es wesentlich, dass das Bauteil nicht durch zu hohe Auswerferkräfte beschädigt wird und sich die Auswerfer möglichst wenig im Bauteil abzeichnen. Nach Pontes [Pon02] sind drei wesentliche Kräfte vom Auswerfersystem zu überwinden:

- Reibungs- und Adhäsionskraft: Zwischen dem Spritzgussbauteil und der Werkzeugoberfläche besteht eine zu überwindende Adhäsion und Reibungskraft.
- Vakuum: Bei geschlossenen Bauteilkonturen entsteht in Abhängigkeit von der Geometrie und der Entformungsschräge ein Vakuum, wenn sich während des Auswurfvorganges zunächst ein geschlossener Hohlraum zwischen Werkzeug und Spritzgussbauteil bildet.
- Reibung innerhalb des Auswerfersystems: Das Auswerfersystem selbst besitzt eine interne Reibung, die ebenfalls vom System zu überwinden ist. Diese Kraft wird jedoch nicht als Belastung auf das Bauteil übertragen und dürfte vom Temperiersystem des Werkzeuges unbeeinflusst sein.

Wie in Kapitel 4.2 ausgeführt, schwindet ein Bauteil bei entsprechender Geometrie (z. B. Hohlkontur) auf den Werkzeugkern auf. Dies führt mit Fortschreiten des Schwindungsprozesses zu einer starken Erhöhung der Reibungs- und Adhäsionskräfte beim Auswerfvorgang. Neben der Bauteilgeometrie können damit auch die Temperierungen einen starken Einfluss auf die Auswerferkräfte ausüben, da sie den Schwindungsprozess ebenfalls beeinflussen. Bei gleichbleibender Kühlzeit hat die Oberflächentemperatur des Werkzeugs einen starken Einfluss. Je höher die Temperatur, desto geringer fallen die Auswerferkräfte aus, da der Abkühl- und Schwindungsprozess eine geringere Geschwindigkeit besitzen und weniger vorangeschritten sind. Aus dem gleichen Grund führt eine höhere Einspritztemperatur der Kunststoffschmelze zu einem ähnlichen Effekt. Je höher diese Temperatur ist, desto geringer ist bei gleichbleibender Kühlzeit die Auswerferkraft [Pon02]. Hierbei ist jedoch zu beachten, dass eine effektive Temperierung die Möglichkeit eröffnet, die Kühlzeit zu verringern, so dass hier zwei gegenläufige Effekte die Auswerferkräfte beeinflussen.

4.3 Analyse der Eigenschaften von additiv gefertigten Werkzeugtemperiersystemen anhand eines Beispielwerkzeugs

In den Kapiteln 4.1 und 4.2 wurden die theoretischen Einflüsse der Temperierung auf die Prozess- und Bauteileigenschaften im Kunststoffspritzguss dargestellt und hieraus Möglichkeiten der Beeinflussung der Zykluszeit und Bauteilqualität durch die Beschaffenheit des Temperiersystems und die Prozessparameter abgeleitet. Im Folgenden sollen diese Zusammenhänge sowie die Möglichkeiten additiv gefertigter Werkzeugeinsätze mit konturnaher Temperierung anhand eines Beispielwerkzeugs untersucht werden. Um Ergebnisse zu erzeugen, die grundlegende Zusammenhänge abbilden und eine gewisse Allgemeingültigkeit erreichen, wird hierfür eine simple Grundgeometrie als Spritzgussbauteil gewählt. Für die Fertigung werden drei Temperiersysteme miteinander verglichen.

Als Basis für die vergleichende Analyse wird zunächst ein Temperiersystem konzipiert, welches mit herkömmlicher Fertigungstechnik erstellt werden kann und die Effekte und Auswirkungen bestehender Fertigungsrestriktionen aufzeigen soll. Weiterhin wurden zwei Temperiersysteme für die Untersuchungen entwickelt, die aufgrund ihrer geometrischen Komplexität nur mit additiven Fertigungsverfahren zu erstellen sind. Der in der Industrie bereits umgesetzte Stand der Technik wird dabei durch ein komplexes und parallel verschaltetes Kanalsystem repräsentiert, das konturnah unter den Oberflächen der Werkzeugform verläuft. Das dritte System geht über den Stand der Technik hinaus und folgt der Zielsetzung, eine möglichst gleichmäßige und leistungsfähige Temperierung zu erreichen. Anstatt eines Kanalsystems wird im Rahmen der Arbeit ein Konzept entwickelt, bei dem zur Temperierung ein Hohlraum genutzt wird, der vom Tempermedium durchflossen wird. Auf diese Weise soll das Werkzeug dem theoretischen Ideal eines möglichst geringen Fließwiderstandes und eines geringen Kühlfehlers angenähert werden und damit der in vielen Fällen bestehende Zielkonflikt zwischen hoher Temperierleistung und Gleichmäßigkeit der Temperierung aufgelöst werden.

4.3.1 Konstruktion eines beispielhaften Spritzgussartikels

Als Untersuchungsgeometrie wird für den Spritzgussartikel eine symmetrische und einfache Form ohne Hinterschnitte gewählt, die eine Werkzeugkonstruktion ohne bewegliche Schieber und mit einem einzigen zentralen Anspritzpunkt ermöglicht (Abbildung 4.4). Hierdurch lassen sich die Untersuchungsergebnisse einfacher abstrahieren und besitzen eine größere Übertragbarkeit auf andere Bauteile, als es bei einer speziellen und komplexeren Bauteilgeometrie der Fall wäre. Die im konkreten Anwendungsfall gewählte Geometrie ist ein hohler Würfel, der auf einer der sechs Seitenflächen geöffnet ist. Der Anguss erfolgt zentriert auf der der Öffnung gegenüberliegenden Fläche des Würfels.

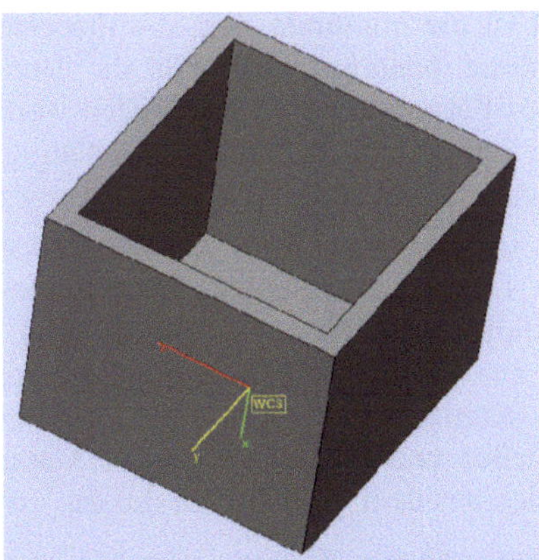

Abbildung 4.4: Den Versuchsreihen zugrunde liegendes würfelförmiges Spritzgussbauteil

Der Würfel besitzt eine quadratische Grundfläche mit einer Seiten-Außenlänge von 31 mm und einer Höhe von 45 mm. Für die Wanddicke wird ein praxisnaher Wert von 2,5 mm gewählt. Zur besseren Entformung ist der Formeinsatz der Auswerferseite mit einer Entformungsschräge von 0,5° versehen. Damit bei der Entformung kein zu großer Unterdruck zwischen Formteil und Formeinsatz entsteht, ist im Deckel des Bauteils zudem ein runder Durchbruch mit einem Durchmesser von 2 mm vorgesehen, der durch einen Stift auf der Düsenseite des Werkzeugs erzeugt wird.

4.3.2 Kalkulation der Rahmenbedingungen der Werkzeugtemperierung

Die für den Abkühlprozess des Formteils theoretisch notwendige Zeit kann mit der Formel 4.12 aus Kapitel 4.1.2.5 abgeschätzt werden. Die einzelnen Seiten des würfelförmigen Bauteils können hierbei als plattenförmiges Element mit Dicke s angenommen werden und somit kann die entsprechende Kühlzeitgleichung für ein plattenförmiges Vergleichselement herangezogen werden [Men07, Wüb74].

$$t_K = \frac{s^2}{\pi^2 \cdot a_{eff}} \, ln\left(\frac{8}{\pi^2} \cdot \frac{\vartheta_M - \vartheta_W}{\vartheta_E - \vartheta_W}\right) \tag{4.12}$$

Für das Bauteil und das verwendete Material können die im Folgenden aufgeführten Beispielwerte für die Berechnung der Kühlzeit verwendet werden:

- Spritzgussmaterial: Polypropylen PP
- Massetemperatur ϑ_M: 227 °C = 500,15 K
- Mittlere Entformungstemperatur ϑ_E: 80 °C = 353,15 K
- Werkzeugwandtemperatur ϑ_W: 20 °C = 293,15 K
- Formteilwanddicke s: 2,5 mm
- Effektive Temperaturleitfähigkeit a_{eff}: 0,065 mm²/s für PP

Mit diesen Werten kann eine Abschätzung der Kühlzeit des beispielhaften Spritzgussbauteils erfolgen:

$$t_k = \frac{(2,5\,mm)^2}{\pi^2 \cdot 0,065\,mm^2/s} \cdot In\left(\frac{8}{\pi^2} \cdot \frac{500,15\,K - 293,15\,K}{353,15\,K - 293,15\,K}\right) = 10,02\,s \tag{4.27}$$

Diese errechnete Kühlzeit ist die minimale Zeit, die theoretisch für die Abfuhr der im Formteil bestehenden Wärme benötigt wird. Für die Berechnung des notwendigen Kühlmittelstromes kann auf Formel 4.3 zurückgegriffen werden. Wird der zur Kühlung des Formteils notwendige Temperiermittelbedarf unabhängig von der konkreten Werkzeugkonstruktion betrachtet, so können der Wärmestrom mit der Umgebung $\dot{Q}_U$ und die zugeführte Wärmeenergie $\dot{Q}_{Zus}$ vereinfachend bei der Berechnung vernachlässigt werden. Der Wärmestrom des Temperiermittels $\dot{Q}_{TM}$ kann in diesem Fall dem Wärmestrom der Formmasse $\dot{Q}_{KS}$ gleichgesetzt werden. Die Berechnung ergibt sich für das Spritzgussbauteil des Beispiels aus Formel 4.28. Für die Berechnung wird statt der gemäß Formel 4.27 notwendigen Kühlzeit von 10,02 s eine erhöhte Zykluszeit inklusive der Zeit für das Öffnen, Schließen und Entformen von 12 s angenommen. Die Masse des Spritzgussbauteils ergibt sich aus dem Produkt von dessen Volumen und Dichte.

$$\dot{Q}_{KS} = \frac{m_{KS} \cdot \Delta h}{t_z} = \frac{17469\ mm^3\, 0{,}905\ \frac{g}{cm^3}\,(670-160)\ \frac{kJ}{kg}}{12\ s} = 0{,}672\ \frac{kJ}{s} \qquad (4.28)$$

Tabelle 4.3: Komponenten zur Berechnung des Temperierstromes zum Abführen der Wärme des Formteils

$\dot{Q}_{KS}$	Wärmestrom des Formteils
Δh	Differenz spezifische Enthalpie, Werte gemäß [Zöl99]
m_{KS}	Formmasse, Bauteilvolumen gemäß CAD, Dichte gemäß [Sab23]
t_Z	Zykluszeit

Bei Gleichsetzung von $\dot{Q}_{TM}$ und $\dot{Q}_{KS}$ ergibt sich folgender Zusammenhang zur Abschätzung des notwendigen Temperiermittelstromes:

$$\dot{Q}_{TM} = \dot{V}_{TM}\, \rho\, c_{TM}\, (v_{Ein} - v_{Aus}) = \dot{m}_{TM}\, c_{TM}\, (v_{Ein} - v_{Aus}) = \dot{Q}_{KS} \qquad (4.29)$$

Die Umstellung nach dem Volumenstrom des Temperiermittels und das Einsetzen der Dichte des Temperiermediums von 998,21 kg/m³ [Gro11] sowie der spezifischen Wärmekapazität des Temperiermediums von 4,183 kJ/kgK [Her09] ergeben:

$$\dot{V}_{TM} = \frac{\dot{Q}_{KS}}{\rho \cdot c_{TM} \cdot (v_{Ein}-v_{Aus})} = \frac{0{,}672\ \frac{kJ}{s}}{998{,}21\ \frac{kg}{m^3} \cdot 4{,}183\ \frac{kJ}{kgK} \cdot 2\ K} = 4{,}8\ \frac{Liter}{min} \qquad (4.30)$$

4.3.3 Darstellung einer beispielhaften Konstruktion von Werkzeug-Formeinsätzen zur vergleichenden Untersuchung von Temperiersystemen

Eine vergleichende Analyse von konventionell gefertigten und laseradditiv gefertigten, konturnahen Temperiersystemen soll im Folgenden anhand eines konkreten Beispiels durchgeführt werden. Der Werkzeugkern, in diesem Fall die Auswerferseite, stellt in Bezug auf Zugänglichkeit und Erstellung einer Temperiergeometrie für den Einsatz der herkömmlichen spanenden Fertigungstechnik einen Schwachpunkt dar. Der Werkzeugkern besitzt darüber hinaus gemäß Kapitel 4.1.2 den größeren Einfluss auf die Temperierung, so dass für die Analyse drei zu vergleichende Formeinsätze konstruiert wurden.

Der erste Formeinsatz ist für die Fertigung mittels konventioneller Fräs- und Bohrtechnik konstruiert und soll als Beispiel für Fälle dienen, bei denen aufgrund von Fertigungsrestriktionen das Temperiersystem Asymmetrien aufweist. Ein weiterer Formeinsatz besitzt ein konturnahes, kanalförmiges Temperiersystem. Für das Erreichen einer möglichst hohen Gleichmäßigkeit der Temperierung und eines hohen Temperiermitteldurchsatzes wird als dritter Analysegegenstand im Rahmen dieser Arbeit ein neuartiger Formeinsatz entwickelt, der mit einem internen Hohlraum versehen ist, der vom Temperiermedium durchflossen wird. Die drei zu vergleichenden Temperiergeometrien werden im Folgenden beschrieben.

4.3.3.1 Formeinsatz mit konventionell spanend gefertigtem Temperiersystem

Der erste Formeinsatz entspricht dem Stand der herkömmlichen Fertigungs- und Konstruktionstechnik. Das Kernelement des in diesen Formeinsatz integrierten Temperiersystems sind zwei Bohrungen mit einem Durchmesser von 8 mm, in denen Umlenkbleche eingefügt sind, die einen geregelten Zu- und Abfluss des Temperiermittels bis in die Spitze des Stiftes erzeugen. Die beiden Bohrungen verlaufen in zwei der vier Ecken der formgebenden Werkzeuggeometrie vom Sockel zur Spitze, so dass hier eine unsymmetrische Temperierung des Werkzeugeinsatzes vorliegt. Die Bohrungen sind im Sockel über seitliche Bohrungen mit einem Durchmesser von 6 mm verbunden. Diese dienen dem Zu- und Ablauf des Temperiermediums zum Formrahmen und verbinden die beiden Bohrungen zu einem seriell durchflossenen Kanalsystem. Ein konturnaher und gleichzeitig symmetrischer Aufbau wäre mit konventioneller Bohr- und Frästechnik kaum umsetzbar gewesen. Mit diesem Formeinsatz soll es in den vergleichenden Untersuchungen möglich sein, aufzeigen, wie sich Asymmetrien aufgrund der Restriktionen konventioneller Fertigung auf die Geschwindigkeit und Gleichmäßigkeit der Temperierung auswirken können.

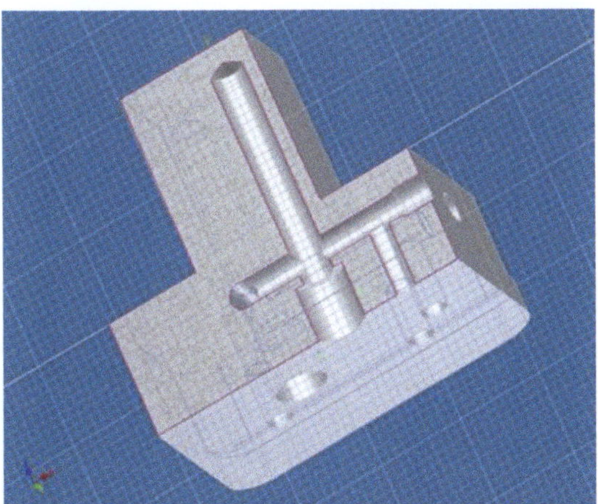

Abbildung 4.5: Schnittansicht des Formeinsatzes mit konventionell gefertigtem Temperiersystem (Umlenkblech in Kühlbohrung nicht dargestellt)

4.3.3.2 Additiv gefertigter Formeinsatz mit konturnahem, kanalförmigem Temperiersystem

Das zweite Temperiersystem stellt den Stand der Technik für die Erstellung von Formeinsätzen mittels der laseradditiven Fertigung dar. Der Formeinsatz besteht aus parallel geführten Temperierkanälen, die mäanderförmig und konturnah unter der konturgebenden Werkzeugoberfläche geführt sind. Mittig im Formeinsatz verläuft eine zentrale Kühlmittelzuführung mit einem Durchmesser von 6 mm, die sich unter der Oberseite des Formeinsatzes in die vier einzelnen Kanäle aufteilt, welche jeweils einen Durchmesser von ca. 2,8 mm besitzen. Die vier Kanäle verlaufen konturnah unter je einer der vier Seitenflächen der formgebenden Werkzeuggeometrie mäanderförmig zurück zum Sockel des Formeinsatzes. Aufgrund dessen, dass die konturgebende Werkzeugkontur auf einem frästechnisch erstellten Sockel aufgebaut wird, werden diese vier parallel durchflossenen Kanäle mit einem ringförmigen Kanal im unteren Bereich der Kontur wieder zu einem gemeinsamen Kühlmittelablauf vereinigt und über den Sockel abgeführt. Hierdurch ergibt sich eine fertigungsbedingte Asymmetrie der Temperierung auf jeder der vier Seitenflächen. Durch eine möglichst hohe Symmetrie der Kanäle untereinander soll sichergestellt werden, dass in den einzelnen Kanälen vergleichbare Volumenströme und Geschwindigkeitsprofile vorherrschen und das Temperierergebnis auf den vier Seitenflächen ähnlich ist.

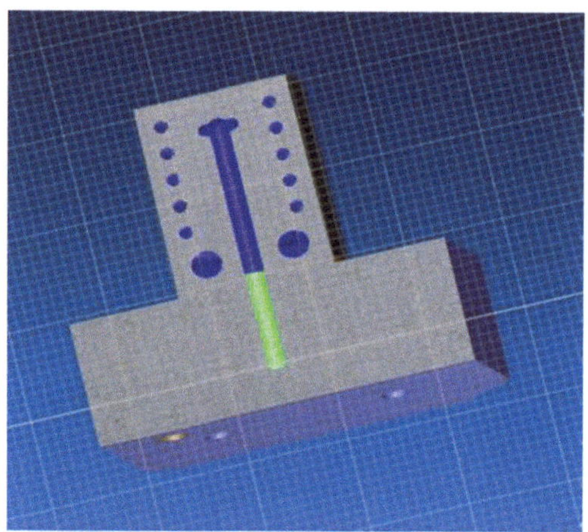

Abbildung 4.6: Schnittansicht des Formeinsatzes mit konturnah geführtem Kanal-Temperiersystem

4.3.3.3 Additiv gefertigter Formeinsatz mit von Temperiermittel durchflossenem Hohlraum

In Kapitel 4.1.3.3 ist dargestellt, dass das physikalische Ideal des theoretisch geringsten Temperierfehlers dadurch erreicht werden könnte, dass ein Temperierkanal die gleiche Fläche wie das zu kühlende Formteil besitzt. Aus dem Grund, dass in diesem Anwendungsfall kein plattenförmiges, sondern ein würfelförmiges Bauteil von innen gekühlt wird, ist ein Hohlraum mit den gleichen Maßen wie das Formteil aus geometrischen Gründen nicht möglich, weil dieses nur mit einer Wandstärke des Werkzeugs von 0 erreicht werden könnte. Um diesem Ideal aber nahezukommen, wurde für die Untersuchungen ein Formeinsatz mit einem Temperiersystem entwickelt, das mit einem definierten Abstand zur formgebenden Geometrie des Werkzeugeinsatzes einen symmetrischen Hohlraum bildet.

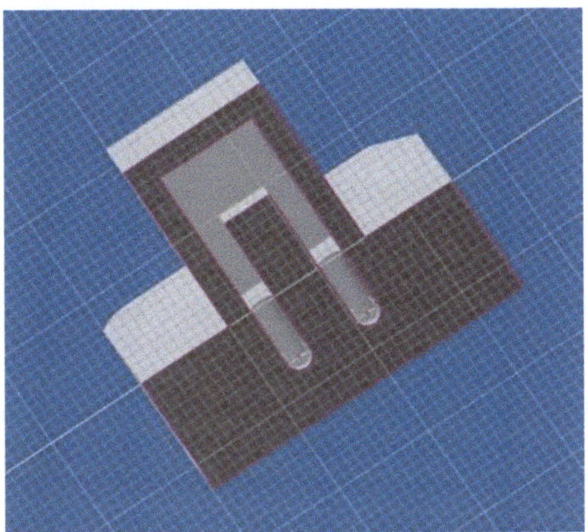

Abbildung 4.7: Schnittansicht formgebende Geometrie des Formeinsatzes der Auswerferseite

Der Temperiermittelzulauf erfolgt hierbei durch den Sockel des Formeinsatzes mit Hilfe einer Bohrung, die direkt in den innen liegenden Hohlraum führt. Auf der gegenüberliegenden Seite des Hohlraumes besteht wiederum eine Öffnung zum Ablauf des Temperiermittels. Über Kanäle im Werkzeugsockel werden diese Bohrungen wie auch bei den oben beschriebenen Formeinsätzen mit dem Temperiersystem des Werkzeugrahmens verbunden. Damit der ganze Hohlraum vom Temperiermittel durchflossen wird, ist in der Mitte des Hohlraumes ein Umlenkkörper eingebracht. Dieser wird sowohl seitlich als auch über die Oberseite vom Temperiermittel umströmt. Auf diese Weise wird die gesamte Innenfläche der formgebenden Werkzeugwandfläche von Temperiermittel hinterströmt und die direkte Strömung vom Eingang zum Ausgang verhindert.

Es liegt jedoch auch bei dieser Temperiergeometrie keine vollständige Symmetrie des Durchflusses vor. Es bestehen durch den punktförmigen Zu- und Ablauf zwangsläufig Unterschiede der Temperatur- und Geschwindigkeitsprofile zwischen den vier hinterspülten Seitenflächen sowie zwischen den Seitenflächen und der Oberseite der formgebenden Werkzeuggeometrie. Die genauen Fließwege lassen sich auf theoretischem Wege jedoch aufgrund der Komplexität von dreidimensionalen Strömungsberechnungen nicht analytisch bestimmen, hierfür wären Computersimulationen oder Laborversuche notwendig. Über die Temperiereigenschaften hinaus bietet dieser Konstruktions- und Fertigungsansatz den Vorteil, dass der additive Fertigungsprozess aufgrund des geringeren belichteten Volumens in der Regel deutlich kürzer ausfallen kann und damit Fertigungszeit, Pulvermaterial und Kosten eingespart werden.

4.3.4 Analytischer Vergleich der Eigenschaften der drei Temperiergeometrien

Die drei beschriebenen beispielhaften Formeinsätze haben grundsätzlich unterschiedliche Temperiereigenschaften beim Einsatz im Spritzgussprozess. Im Abschnitt 4.2.1 wurden Parameter benannt, die die Temperiergeschwindigkeit erhöhen können. Die drei benannten Temperiergeometrien sollen stellvertretend für die drei Konstruktionsweisen zunächst qualitativ bewertet werden. In den folgenden Kapiteln 5 und 6 erfolgt dann in Simulationen und Versuchsreihen eine quantitative Analyse.

- Erhöhung der Oberfläche des Temperiersystems, d.h. Verringerung des Verhältnisses der Oberfläche des Formteils zu Oberfläche des Temperiersystems

Aufgrund der Fertigungsrestriktionen der spanenden Fertigung ist davon auszugehen, dass insbesondere bei schwerer Zugänglichkeit, das konventionell gefertigte Temperiersystem die geringsten Oberflächen zur Temperierung erzeugt. Beim Einsatz der additiv erzeugten konturnahen Kanaltemperierung können bereits deutlich mehr Flächen hinter den Werkzeugwänden erzeugt werden. Das dritte Konzept, die Hohlraumtemperierung, bietet hingegen die Möglichkeit, im Werkzeug deutlich größere Temperierflächen zu erzeugen, die nur an den Rändern durch Mindest-Wanddicken begrenzt sind.

- Verringerung des Abstands zwischen Temperierkanal und Formnestwand

Die spanende Fertigung hat durch die eingeschränkte Zugänglichkeit und die meist großen Kanaldurchmesser nur eine begrenzte Möglichkeit, diese dicht unter der Werkzeug- bzw. Formnestwand zu platzieren. Die konturnahe Kanaltemperierung kann hingegen mit sehr geringem Abstand unter der Kontur platziert werden. Die Hohlraumtemperierung muss aus statischen Gründen voraussichtlich einen etwas größeren Abstand als bei der konturnahen Kanaltemperierung einhalten.

- Verringerung hydraulischer Kanaldurchmesser

Bei einem spanend gefertigten Kanalsystem ist es in der Regel nicht sinnvoll, sehr kleine Durchmesser zu erzeugen, weil in vielen Fällen nur wenige Kanäle eingebracht werden können und der Durchfluss dann begrenzt wäre. Bei den additiv gefertigten Temperiersystemen ist es bei der Erzeugung konturnaher Kanäle recht einfach möglich, kleine Durchmesser zu erzeugen. Bei der Hohlraumtemperierung ist der hydraulische Kanaldurchmesser prinzipbedingt sehr groß. Dies müsste kompensiert werden durch sehr hohe Durchflussmengen oder zusätzlich eingebrachte Geometrien, die eine turbulente Strömung erzeugen. Durch die Füllung des Hohlraumes mit einer gitterartigen Struktur (siehe Kapitel 6) dürfte eine große Verwirbelung erzeugt werden, die jedoch mit dem klassischen Konzept der Berechnung anhand des hydraulischen runden Kanaldurchmessers und der Reynoldszahl nicht bestimmt werden kann.

- Erhöhung Temperiermittelgeschwindigkeit

Die Erhöhung der Temperiermittelgeschwindigkeit ergibt sich aus dem Volumenstrom des Temperiermittels und der durchflossenen Geometrie. Hierbei setzt der Druckverlust in Verbindung mit dem Druck des Pumpsystems die Grenzen. Eine parallele Führung von Kanälen und ein geringer Druckverlust erlauben dabei höhere Geschwindigkeiten. Die parallele Führung von Kanälen ist bei der herkömmlichen spanenden Fertigung aufgrund der Komplexität der Geometrien kaum umsetzbar. Bei der additiv gefertigten konturnahen Kanaltemperierung ist dies hingegen problemlos möglich. Der geringste Druckverlust und damit die größte Temperiermittelgeschwindigkeit ist bei der Hohlraumtemperierung umsetzbar, weil der durchflossene Querschnitt deutlich größer ist.

- Erhöhung Wärmeübergangskoeffizient zwischen Temperiermittel und Temperiermedium über verändertes Strömungsverhalten

Der Wärmeübergangskoeffizient ist über die Nusseltzahl und Reynoldszahl von den Strömungs- und Oberflächeneigenschaften sowie dem Kanaldurchmesser (siehe oben Kapitel 4.1.3) abhängig. Eine turbulente Strömung ermöglicht einen hohen Wärmeübergangskoeffizienten. Bei der spanenden Fertigung mit vergleichsweise großen und glatten Kanälen, besteht das Risiko einer laminaren Strömung. Die bei der additiven Fertigung zu erwartende Oberflächenrauigkeit der Kanäle würde ebenfalls den Wärmeübergangskoeffizienten im Vergleich zur spanend gefertigten Temperierung erhöhen, wobei kleine Kanaldurchmesser bei konstanter Strömungsgeschwindigkeit zusätzlich eine turbulente Strömung begünstigen. Bei einer additiv gefertigten Hohlraumtemperierung bestünde unter Annahme eines konstanten Volumenstromes aufgrund des großen Flussquerschnittes das Risiko einer laminaren Strömung. Durch die Erhöhung des Volumenstromes, ggf. bestehender Oberflächenrauheit sowie die Integration von Umlenkkörpern kann jedoch auch hier eine turbulente Strömung mit hohem Wärmeübergang erzeugt werden.

- Homogenität der Temperierung

Bei dem spanend, d.h. konventionell gefertigten Formeinsatz ist beispielhaft erkennbar, dass die Zugänglichkeit und die Möglichkeiten zur Verbindung von Temperierkanälen zu konstruktiven Kompromissen führen können, die ein uneinheitliches Temperierergebnis erwarten lassen. Zwei der Werkzeugecken haben einen geringen Abstand zu einem Temperierkanal, die zwei anderen Werkzeugecken sind jedoch vergleichsweise weit entfernt. Dies lässt zum einen erwarten, dass die Eckbereiche des Werkzeugs und des Bauteils jeweils unterschiedliche Temperaturverläufe aufweisen und dass zum anderen ggf. die entstehenden Eckenwinkel der Bauteile Unterschiede zeigen. Aber auch für die einzelnen Flächen ist ein Temperaturgradient zu erwarten.

Bei der additiv erstellten konturnahen Kanaltemperierung ist theoretisch eine sehr große Homogenität durch parallel, mäanderförmig hinter den Oberflächen geführte Kanäle zu erwarten. Jedoch können auch hier Fertigungsrestriktionen wie der im unteren Bereich vorhandene Sammelkanal zu Inhomogenitäten und Temperierfehlern führen. Die Hohlraumtemperierung bietet theoretisch die Möglichkeit eines Temperierfehlers von 0, weil beim Hohlraum keine Abstände zwischen Temperierkanälen bestehen, sondern die Flächen einheitlich temperiert sind. Hierbei ist jedoch zu beachten, dass komplexe Strömungseffekte dazu führen können, dass bestimmte Teile der Flächen stärker und andere schwächer hinterspült werden können.

Die zusammenfassende qualitative Bewertung der o.g. Parameter in Bezug auf das Erreichen einer hohen Temperierleistung kann die folgende Tabelle darstellen. Die quantitative Analyse erfolgt in den folgenden Kapiteln 5 und 6 durch Computersimulationen und Laboruntersuchungen. Hierbei ist festzuhalten, dass die Bewertung der Hohlraumtemperierung auf Basis der an klassischen Kanälen ausgerichteten Kriterien und Berechnungsverfahren nicht komplett vergleichbar ist. Durch die große Oberfläche dieser Temperierung und die hohen möglichen Volumenströme können Einschränkungen bei den benannten Parametern (v.a. hydraulischer Kanaldurchmesser) zum Teil ausgeglichen werden.

Tabelle 4.4: Qualitativer Vergleich der Einflüsse und Restriktionen der drei Konstruktions- und Fertigungsarten der Temperiersysteme in Bezug auf die Temperierleistung

	Konventionell gefertigtes Temperiersystem	Additiv erstellte Kanaltemperierung	Additiv erstellte Hohlraumtemperierung
Erhöhung der Oberfläche der Temperierung	–	O	+
Verringerung des Abstands zwischen Temperierkanal und Formnestwand	–	+	O
Verringerung hydraulischer Kanaldurchmesser	O	+	–
Erhöhung Temperiermittelgeschwindigkeit	O	O	+
Erhöhung Wärmeübergangskoeffizient	–	+	O
Gleichmäßigkeit der Temperierung	–	+	+

4.4 Zusammenfassung der theoretischen Analyse der Einflüsse des Temperiersystems auf den Spritzgussprozess

Für die Auslegung von Temperiersystemen im Kunststoffspritzguss können mehrere Zielsetzungen genannt werden. Ein wesentliches Ziel besteht darin, aus wirtschaftlichen Gründen die Kühlzeit und damit auch die Zykluszeit niedrig zu halten. Dies lässt sich mit einer effektiven Temperierung und einem hohen Temperiermitteldurchsatz erreichen, jedoch ist für die Länge der Kühlzeit insbesondere der zuletzt erkaltende Bereich des Spritzgussbauteiles bestimmend. Als weiteres Ziel kann die Gleichmäßigkeit des Temperiervorganges genannt werden, der einen wesentlichen Einfluss auf die Maßhaltigkeit der gefertigten Bauteile haben kann. Hierfür ist der Temperierfehler j eine Kennzahl, die die Differenzen der Wärmeströme auf der Oberfläche des Werkzeugs quantifizieren kann.

Für die Erstellung von effektiven und gleichmäßig wirkenden Temperiersystemen für Spritzgusswerkzeuge bietet die additive Fertigung im Vergleich zu konventionellen subtraktiven, d.h. spanenden Fertigungsverfahren wie dem Bohren, große Vorteile. Konturfolgend können komplexe Temperiersysteme in der Werkzeugkavität eingebracht werden. Diese können durch viele Verzweigungen und Umlenkungen oder den beschriebenen Hohlraum eine große Oberfläche des Temperiersystems erreichen, die damit eine große Wärmeaustauschfläche für die Funktion als Wärmetauscher darstellt. Zusätzlich können sehr geringe Abstände zur Formnestwand auch bei komplexen Geometrien erreicht werden. Mit diesem geringen Abstand zwischen Formnestwand und Temperiersystemoberfläche wird ein hohes Temperaturgefälle erzeugt, das die lokalen Wärmeströme erhöht. Durch parallel verzweigte Kanäle können durch additive Verfahren auch geringe Druckverluste im Temperiersystem realisiert werden, die zu einem hohen Temperiermitteldurchsatz bei bestehender Pumpenleistung führen. Als eine Lösungsmöglichkeit, um den Temperiermitteldurchsatz und die Gleichmäßigkeit zu erhöhen wurde in diesem Kapitel die Hohlraumtemperierung entworfen. Diese hätte einen theoretisch auftretenden Temperierfehler von null und würde durch einen großen durchflossenen Querschnitt zudem einen hohen Temperiermitteldurchfluss ermöglichen.

Die bestehenden analytischen Berechnungsverfahren eignen sich jedoch nur eingeschränkt für die Analyse komplexer Temperiergeometrien. Die vereinfachten Berechnungsformeln gehen von konstanten Rand- und Startbedingungen aus, die in der Praxis nicht bestehen. Weiterhin zeigen Wübken [Wüb74] und auch Branner [Bra09], dass bestehende Berechnungsformeln, die auf eindimensionale Modellierungen der Wärmeleitung basieren, nur begrenzt auf komplexe, dreidimensionale Geometrien übertragbar sind.

Aufgrund der Einschränkungen der analytischen Berechnungsmöglichkeiten sollen die theoretisch dargestellten Eigenschaften und Einflüsse verschiedener Temperiergeometrien in den folgenden Kapiteln 5 und 6 anhand von Simulationsrechnungen sowie Thermographie- und Spritzgussversuchen analysiert werden.

5 Simulative Analyse der Einflüsse der Werkzeugtemperierung

Im vorigen Kapitel 4 wurden die Eigenschaften verschiedener Konzepte von Temperiergeometrien für Spritzgusswerkzeuge analysiert und dabei aber auch Einschränkungen der bestehenden analytischen Berechnungsverfahren für die komplexere laseradditiv gefertigte Werkzeugtemperierung aufgezeigt. Eine wesentliche Einschränkung der Berechnungsverfahren ist, dass die Aussagen oft nur auf Modellen mit simplen Standard-Geometrieelementen basieren und viele Berechnungsansätze nur zweidimensional oder sogar eindimensional sind. Die Berechnung vieler Problemstellungen mit komplexen dreidimensionalen Strukturen und den zugehörigen Prozessabläufen ist hingegen in vielen Fällen nur mit einer Computersimulation möglich [Dus00, Fuh04]. Hierfür gibt es eine Vielzahl von Systemen, z. B. FEM-Modelle (Finite-Element-Methode) oder FDM-Modelle (Finite-Differenzen-Methode). Mit diesen dreidimensionalen Modellen können im Gegensatz zu den in der Regel ein- oder zweidimensionalen Ansätzen der analytischen Berechnung auch die Einflüsse und Abhängigkeiten von komplexen Geometrien der Temperiersysteme und Spritzgussbauteile berechnet werden. Auch Analysen der Potentiale additiv gefertigter Temperiersysteme lassen sich nur mit dreidimensionalen Ansätzen erschließen.

Im Folgenden sollen die Einflüsse und Eigenschaften verschiedener Temperiersysteme in Simulationsrechnungen analysiert und die Ergebnisse mit der theoretischen Betrachtung des Einflusses der Temperierung auf den Spritzgussprozess verglichen werden. Die interessierenden Parameter sind dabei vor allem die Temperiervorgänge im Zeitverlauf und die Abhängigkeiten der Schwindung und des Verzuges der Bauteile von den Parametern und Geometrien der Temperierung. Als Basis für die Analysen wurden die in Kapitel 4.3 vorgestellten Werkzeuggeometrien und der entsprechende Spritzgussartikel verwendet. Im Anschluss an die Simulationsrechnungen werden im folgenden Kapitel 6 die Ergebnisse einer experimentellen Validierung mittels Thermographie und Spritzgussprozessen vorgestellt und diskutiert.

© Der/die Autor(en), exklusiv lizenziert an
Springer-Verlag GmbH, DE, ein Teil von Springer Nature 2026
H. Vogel, *Prozesseinflüsse laseradditiv gefertigter Kunststoffspritzgusswerkzeuge*,
Light Engineering für die Praxis, https://doi.org/10.1007/978-3-662-73055-3_5

5.1 Vergleichende Untersuchung von Temperiersystemen mittels FEM-Computersimulation

5.1.1 Vorstellung der grundlegenden Ansätze von Simulationssystemen

a Grundlagen der Finite-Element-Methode (FEM)

Die Finite-Element-Methode (FEM) ist ein Näherungsverfahren, bei dem physikalische Funktionen gebildet werden, die jeweils auf einen definiert kleinen Teil einer Gesamtstruktur (auch als Element bezeichnet) angewendet werden. An den Anschlusspunkten zu den Nachbarelementen (auch als Knotenpunkte bezeichnet) findet ein kontinuierlicher Übergang zur entsprechenden Funktion des Nachbarelementes statt. Durch die Auflösung des hierbei entstehenden Gleichungssystems werden die Koeffizienten der Näherungsfunktion bestimmt. Zur Lösung der Differentialgleichungen stehen analytische und numerische Verfahren zur Verfügung. Numerische Verfahren eignen sich für Anwendungsfälle, die aufgrund ihrer Komplexität nicht mehr analytisch lösbar sind. [Ste08]

Der Ablauf einer FEM-Simulation ist für die unterschiedlichen Zielsetzungen jeweils ähnlich. Ausgangspunkt ist meist ein CAD-Datensatz, der in ein dreidimensionales Netz finiter Elemente überführt wird. Die Auflösung dieses Netzes hat einen wesentlichen Einfluss, zum einen auf die Rechenzeit und zum anderen auf die Ergebnisqualität. Nach Erstellung des Netzes wird das Simulationsmodell aufgebaut, indem Rahmenbedingungen bestimmt sowie Kennwerte des Modells und die veränderlichen Eingangsgrößen festgelegt werden (Pre-Processing). Im folgenden Schritt werden die Simulationsberechnungen gemäß den im Vorwege festgelegten Parametern durchgeführt (Processing). Die Ergebnisse werden anschließend für die weitere Auswertung und Betrachtung z. B. grafisch aufbereitet (Post-Processing). [Bru06]

Unterschiedliche physikalische Zusammenhänge lassen sich mit der FEM-Simulation abbilden, indem jeweils die Freiheitsgrade an die physikalische Problemstellung angepasst werden. Bei einer Festigkeitsberechnung werden die Knoten verschoben. Bei der Simulation von Temperaturfeldern werden stationäre und instationäre, d.h. zeitlich veränderliche Temperaturfelder betrachtet. Alle Ausgleichs-, Aufheiz- und Abkühlvorgänge sind demnach instationäre Wärmeübertragungsvorgänge [Kle10]. Für das Vordringen eines Wärmestromes ist dabei das lokale Vorhandensein eines Temperaturgefälles die Voraussetzung.

b Vereinfachte Modellbildung für fluiddynamische Systeme: Finite-Differenzen-Methode (FDM)

Die Finite-Differenzen-Methode (FDM) besitzt im Gegensatz zur Finite-Element-Methode ein vereinfachtes Netz und ist ein einfacheres Verfahren zur Lösung gewöhnlicher und partieller Differentialgleichungen. Das Netz besteht im Gegensatz zum FEM nicht aus Freiform-Schalen- oder Balkenelementen, sondern aus einem einfachen System von senkrecht aufeinander stehenden Gitterlinien, die Kreuzungspunkte an den Verbindungsstellen bilden. Bei der Berechnung von dynamischen Prozessen werden die Ableitungen für die Gitterpunkte durch Differenzen angenähert. Anstatt der Differentialgleichungssysteme der FEM-Ansätze besteht somit ein System von Differenzengleichungen, die mit vereinfachten Algorithmen gelöst werden können. [Ste08] *c Computerprogramme zur Simulation von Spritzgussprozessen*

Algorithmen zur Berechnung der Formfüllung bei Spritzgießprozessen wurden erstmals in den 1970er Jahren für programmierbare Taschenrechner entwickelt [Ngu01]. Diese einfachen Berechnungen betrafen zunächst den Druckverlust in der Kavität des Werkzeugs während der Formfüllung. Diese Systeme wurden zu FEM-basierenden, komplexen Simulationssystemen weiterentwickelt, die einen kompletten Spritzgussprozess inklusive des Schmelzeflusses abbilden können.

Diese heutigen Programme bieten neben der Simulation der Formfüllung auch Aussagen zu den Abkühlvorgängen, Bindenähten und der Bauteilschwindung bzw. des Verzugs. Die auf dem Markt befindlichen Spritzgießsimulationsprogramme basieren in der Regel entweder auf einem sogenannten 2,5D-Modell oder einem 3D-Berechnungsmodell.

Bei diesen computergestützten Berechnungsverfahren unterscheidet Cardozo [Car08] drei Hauptvarianten. Die ersten Simulationsmodelle basierten auf dem so genannten Mittelflächenmodell. Der Umstand, dass die meisten Kunststoffteile dünnwandig sind, wird dafür genutzt, dass das dreidimensionale Bauteil auf ein flächiges Mittelflächenmodell vereinfacht wird, in dem den Bereichen der Fläche jeweils die entsprechende Bauteildicke zugeordnet ist [Car08]. Diese Vereinfachung der dreidimensionalen Strömungsprozesse ist nur für dünnwandige Bauteile zulässig [Ngu01]. Die Strömungsberechnung erfolgt für jedes Element nur zweidimensional, Strömungsanteile in Richtung der Bauteildicke werden unterdrückt. Bei der Temperaturberechnung wird die Dickenrichtung hingegen berücksichtigt. Aufgrund der Kombination der zweidimensionalen Strömungsberechnung mit der dreidimensionalen Temperaturberechnung wird diese Methode auch als 2,5D-Berechnungsmethode bezeichnet [Ngu01, Hoc06]. Diese Vereinfachung kann jedoch bestimmte Problemstellungen nicht abbilden, z. B. die Berechnung komplexer Bauteile mit Dickenunterschieden oder das Vereinigen zweier Schmelzeströmungen [Car08]. Zachert zeigt auf, dass neben Dickenunterschieden auch Freistrahlbildung, d.h. Quellströme, die sich an der Fließfront bilden oder Abzweigungen und Verrippungen nicht ausreichend abgebildet werden können [Zac98].

Eine weitergehende Modellierung, die insbesondere komplexe Bauteile mit Sprüngen der Bauteildicke besser abbilden kann, ist die Modellierung der Außenflächen, bei dem auf Basis der 3D-Geometrien die Ober- und Unterseiten der Bauteile verwendet werden. Die jeweils gegenüber liegenden Flächen werden vernetzt und die Berechnungen entsprechend dem Hele-Shaw-Modell durchgeführt. Diese Herangehensweise besitzt ebenfalls Restriktionen, die dazu geführt haben, dass Modelle entwickelt wurden, die Bauteile und Werkzeuge als dreidimensionale Geometrien modellieren können. Die Vernetzung der Bauteile erfolgt mit Volumenelementen, so dass Strömungsberechnungen in alle drei Raumrichtungen berechnet werden können. Auf diese Weise können die Eigenschaften des Spritzgussprozesses und der gefertigten Spritzgussartikel simuliert werden. Hierdurch können beispielsweise Freistrahlbildungen, Spannungen und Verzüge realitätsnäher berechnet werden. [Car08, Hoh00, Lip98]

5.1.2 Auswahl geeigneter Simulationssysteme für die Untersuchung additiv gefertigter Werkzeugformen

Die Untersuchung der komplexen Temperiersysteme additiv gefertigter Werkzeugformen stellt hohe Anforderungen an die Simulationssysteme, so dass die Nutzung von

Verfahren mit einem dreidimensionalen Modellansatz sinnvoll ist. Für die Untersuchung der Werkzeugformen ist ein zweistufiger Ansatz gewählt worden, wobei jeweils die gleichen CAD-Daten der Werkzeug- und Temperiergeometrien als Basis für die Simulationsmodelle genutzt wurden. Die Eigenschaften der Temperierung der verschiedenen, zu untersuchenden Temperiergeometrien sind mit der Multiphysics Simulationssoftware Ansys untersucht worden. Die Software ermöglicht es, dreidimensional die turbulenten Strömungsverhältnisse und deren Auswirkungen auf den Temperierprozess des Werkzeugs zu simulieren. Der Spritzgussprozess kann jedoch mit diesem System nicht mit vertretbarem Aufwand berechnet werden, das Spritzgussbauteil wird deshalb vereinfacht im Zeitverlauf als nicht veränderlich in die Berechnungen einbezogen.

Die Einflüsse der Temperierung auf den dynamischen Spritzgussprozess mit Simulation der sich gegenseitig beeinflussenden Vorgänge Einspritzen, Abkühlung und Bauteilschrumpf werden im zweiten Schritt mit der Spritzgusssimulationssoftware 3D Sigma von der Firma Sigmasoft untersucht. Diese Software baut auf einem 3D-Modell auf und greift nicht auf 2,5D-Ansätze nach dem Hele-Shaw Modell zurück [Hoh00, Kal02, Lip98]. Es ist möglich, den gesamten Spritzgusszyklus zu modellieren und zu berechnen und hierbei komplexe geometrische Bedingungen und Wärmeflüsse zu berechnen. Hierbei können unter anderem die thermischen Zustände im Werkzeug und im Spritzgussbauteil, die Formfüllung und die Fließwege der Schmelze untersucht werden. Darüber hinaus bietet die Software auch die Möglichkeit, die elastische Schwindung (freies Schwinden) und das viskoelastische Schwinden sowohl mit Schwindungsbehinderung durch das Werkzeug als auch nach der Entformung zu simulieren [Man09, Hoh00, Kal02]. Die Simulation der Fließ- und Erstarrungsvorgänge findet sich im Anschluss an die Analyse der Temperier- und Erstarrungsvorgänge in Kapitel 5.3.

5.2 Analyse der Temperier- und Durchflusseigenschaften mittels einer Multiphysics-Simulation

5.2.1 Zielsetzung und Hintergrund der Simulation

Die Auslegung der Temperierung eines Spritzgusswerkzeugs soll entsprechend Kapitel 4.2 zwei zum Teil konträre Zielsetzungen verfolgen. Die möglichst schnelle Abkühlung zum Erreichen einer hohen Wirtschaftlichkeit durch kurze Zykluszeiten und die Gleichmäßigkeit der Abkühlung mit dem Ziel einer hohen Bauteilqualität stehen zum Teil in einem Konflikt. Beide Aspekte werden im Folgenden in Simulationsrechnungen analysiert. Darüber hinaus wird auch das Strömungsverhalten sowie der Druckverlust von Temperiersystemen untersucht, der bei komplexen Temperiergeometrien und geringen Strömungsquerschnitten ansteigt. Der Nachteil eines hohen Druckverlustes besteht darin, dass die Durchflussmenge des Temperiermittels gemäß der Pumpenkennlinie der eingesetzten Pumpe absinkt.

5.2.2 Vorgehen der Temperier- und Durchflusssimulation

Für die Temperier- und Durchflusssimulation wurden die zu untersuchenden Kanalgeometrien als CAD-Datensätze erstellt und über eine Schnittstelle als Parasolid-Modell in die Ansys-Simulationsumgebung überführt. Dort wurden sie in ein Netz aus Volumenelementen umgewandelt und die Rahmenbedingungen für die Simulation festgelegt. Um die Werkzeugeinsätze herum wurde eine adiabatische Systemgrenze gezogen, was bedeutet, dass über die Außenkontur des Werkzeugs kein Wärmeaustausch stattfindet. Im Weiteren waren für das Temperiersystem die thermischen und kinematischen Rahmenbedingungen festzulegen. Für alle Temperiersysteme wurden eine einheitliche Initialtemperatur gewählt. Die Initialisierungstemperatur des Temperiermediums entspricht ebenso wie die des Werkzeugs der Raumtemperatur von 293 K. Die Ausgangstemperatur des Temperiermittels beim Verlassen des Werkzeugeinsatzes ergibt sich hingegen durch den Simulationsablauf, bei dem das Medium im Temperiersystem Wärme aufnimmt. An der Ausströmfläche des Temperiersystems wird ein Druck von 1 bar entsprechend dem allgemeinen Luftdruck definiert, so dass außerhalb des betrachteten Systems kein zusätzlicher Strömungswiderstand vorhanden ist.

In der Simulation wurde das Formteil als Wärmequelle angenommen. Während der im Spritzgusszyklus definierten Kühlzeit wird ein Wärmestrom über die gesamte Formteiloberfläche an das Werkzeug abgegeben. In den weiteren Phasen des Spritzgusszyklus (z. B. Öffnen, Auswerfen, Schließen und Einspritzen) wird der Wärmestrom gleich null gesetzt. Dies stellt zwar eine deutliche Vereinfachung gegenüber der Realität dar, diese Vereinfachungen haben allerdings auf alle Versuchsreihen jeweils die gleichen Auswirkungen, so dass dies dennoch einen direkten quantitativen und qualitativen Vergleich der Wirkung der verschiedenen Temperiersysteme untereinander zulässt.

Für den eigentlichen Simulationsvorgang liegen zwei mögliche Solver zur Berechnung der Simulation vor: statische und transiente, also zeitlich veränderliche Simulation. Zeitabhängige und zyklische Temperaturberechnungen wie im abgebildeten Temperierprozess sind jedoch nur mit der transienten Berechnungsmethode möglich, so dass diese ausgewählt wurde.

Der Temperierablauf wurde über sechs Zyklen von je 20 s Zykluszeit berechnet, um das Aufheizen des Werkzeugs über mehrere Zyklen abbilden zu können. Ab dem sechsten Zyklus kann von einem quasistationären Prozess ausgegangen werden, bei dem sich die Aufheiz- und Abkühlvorgänge der aufeinanderfolgenden Zyklen nur noch in geringem Maße unterscheiden. Dem Post-Processing Modul der Simulation konnten schließlich die Ergebnisse der Berechnungen sowohl in graphischer als auch in quantitativer Darstellung zur weiteren Auswertung entnommen werden.

In den Simulationsläufen wurden die Eigenschaften der im Kapitel 4.3 vorgestellten drei Konstruktionskonzepte für Temperiersysteme (konventionell spanend gefertigt, additiv gefertigte konturnahe Kanaltemperierung, additiv gefertigte Hohlraumtemperierung) untersucht, wobei die entsprechenden Temperiersysteme jeweils auf der Auswerfer- und der Düsenseite des Werkzeugs eingesetzt wurden. Die Analyse konzentriert sich dabei jedoch auf die Auswerferseite des Werkzeugs, da hier ein deutlich größerer Einfluss auf den Prozess als durch die Düsenseite des Werkzeugs besteht.

Das auf konventionelle Weise spanend, d.h. mittels Bohrtechnik gefertigte Temperiersystem dient dem Vergleich zu den additiv erzeugten, konturnahen Temperiersystemen. Die Auswerferseite des konventionellen Systems besitzt zwei diagonal angeordnete Kühlstifte, in denen ein Umlenkblech für eine komplette Durchströmung der Stifte mit dem Temperiermedium sorgt. Die Düsenseite besitzt hingegen zwei miteinander verbundene Kanäle, die um das Bauteil herumgeführt werden und mittels Bohrtechnik erstellt werden können. Die Oberseite des Bauteils ist ebenfalls durch einen Kanal in der Düsenseite temperiert.

Die konturnahe Kanaltemperierung ist so konstruiert, dass hinter den vier Seitenflächen der formgebenden Werkzeuggeometrie mäanderförmig Temperierkanäle platziert sind. Bei der Hohlraumtemperierung bestehen auf der Düsen- und Auswerferseite von Temperiermittel durchströmte Hohlräume, die mit geringem Abstand unter den formgebenden Werkzeugkonturen platziert sind und jeweils einen Zu- und einen Abfluss besitzen. Bei der Auswerferseite des Werkzeugs liegen der Zu- und der Abfluss konstruktionsbedingt beide im Bodenbereich des Hohlraumes. Ein eingebrachter Umlenkkörper verhindert jedoch eine direkte Strömung vom Zufluss zum Abfluss und soll eine Durchströmung des gesamten Hohlkörpers erzeugen.

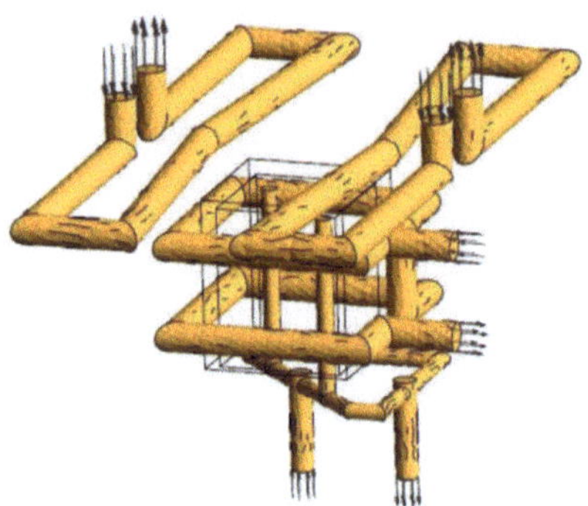

Abbildung 5.1: Konventionell mittels Fräs- und Bohrtechnik gefertigtes Temperiersystem (Temperierung der Auswerfer- und Düsenseite abgebildet)

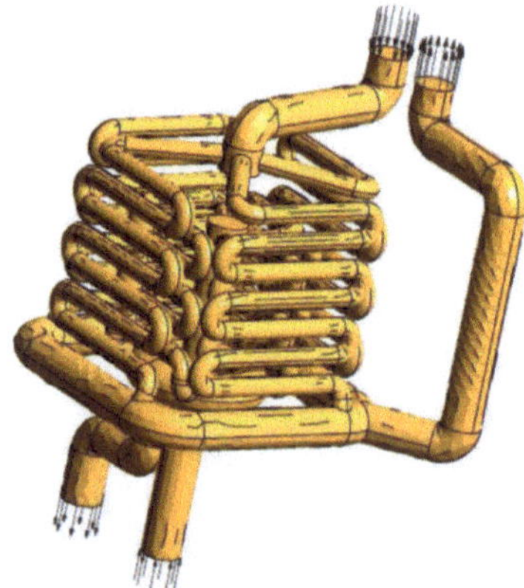

Abbildung 5.2: Konturnahes Kanaltemperiersystem (Temperierung der Auswerfer- und Düsenseite abgebildet)

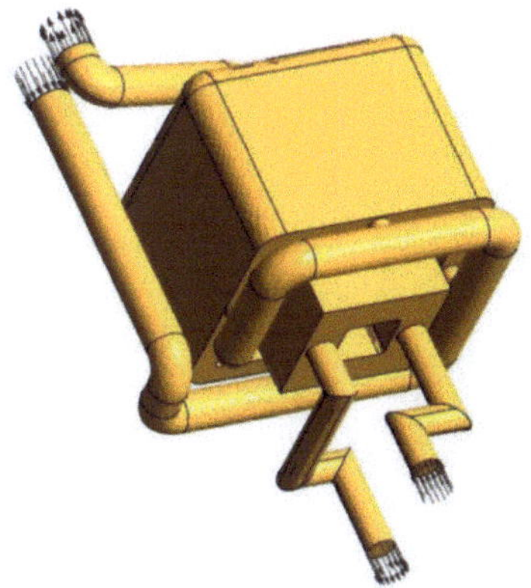

Abbildung 5.3: Hohlraumtemperiersystem (Temperierung der Auswerfer- und Düsenseite abgebildet)

Die Simulationen ermöglichen einen Vergleich der Temperiergeometrien im Hinblick auf die Temperier- und Durchflusseigenschaften. Für die Temperierung im Spritzguss sind, wie in Kapitel 4 beschrieben, zwei Ziele von Relevanz: die Geschwindigkeit und die Gleichmäßigkeit der Kühlung. Die Geschwindigkeit der Kühlwirkung wird in den Simulationen durch den Parameter der Veränderung der durchschnittlichen Oberflächentemperatur des Werkzeugs dargestellt. Als Parameter der Gleichmäßigkeit der Temperierung dient hingegen die größte Temperaturdifferenz auf der Oberfläche des Werkzeugs am Ende des Temperiervorganges.

5.2.3 Analyse der Oberflächentemperatur der formgebenden Werkzeuggeometrie

Die Simulationen berechnen Temperaturwerte für das gesamte Werkzeug und das zu fertigende Bauteil während des Spritzgusszyklus. Von Interesse sind hierbei vor allem die Kontaktflächen zwischen Werkzeug und Formteil, weil sie für den Kühlvorgang ausschlaggebend sind. Die folgende Abbildung und Tabelle zeigen einen Vergleich der konturgebenden Werkzeugoberflächen der Auswerferseite bei einem einheitlichen Massedurchsatz im Temperiersystem von 0,06 kg/s.

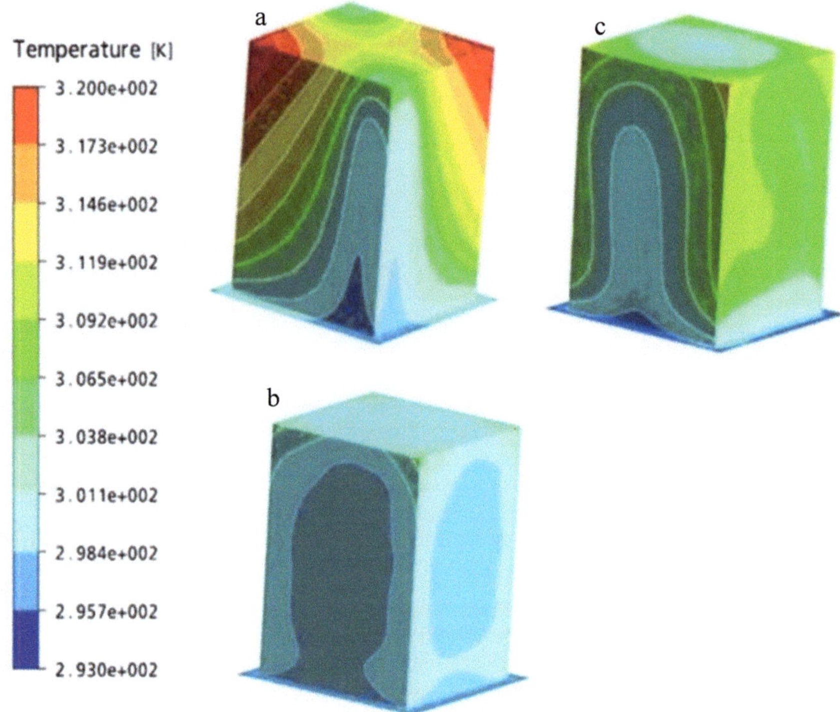

Abbildung 5.4: Temperaturverteilung Werkzeugoberfläche Auswerferseite am Ende der Kühlphase (a Konventionell gefertigtes Temperiersystem, b Konturnahe Kanaltemperierung, c Hohlraumtemperierung)

Tabelle 5.1: Minimale und maximale Temperatur auf der Werkzeugoberfläche der Auswerferseite am Ende der Kühlphase

	Konventionelle Temperierung	Konturnahe Kanal-temperierung	Hohlraum-temperierung
Maximale Temperatur	323,10 K	304,91 K	311,02 K
Minimale Temperatur	296,56 K	296,79 K	297,10 K
Differenz	26,54 K	8,12 K	13,92 K

Auffällig ist hierbei zunächst, dass die Oberfläche der Auswerferseite des konventionell mit zwei Kühlstiften temperierten Werkzeugeinsatzes eine sehr große Differenz aus minimaler und maximaler Temperatur aufweist. Die Eckbereiche der Seitenflächen haben jeweils unterschiedliche Temperaturniveaus. Dies kann insbesondere bei kurzen Kühlzeiten eine Ursache für Bauteilverzug, d.h. ungleichmäßige Schwindung darstellen. Auch auf der Oberseite zeigt sich ein starkes Temperaturgefälle, hier treten zudem bei zwei gegenüberliegenden Eckbereichen die höchsten Temperaturen aller zu vergleichenden Temperiergeometrien auf. Im Vergleich dazu ist das Temperaturprofil des Werkzeugeinsatzes mit der konturnahen Kanaltemperierung sehr gleichmäßig. Beim dritten Temperiersystem, dem neuartigen Temperier-Hohlraum können wiederum ebenfalls Unterschiede im Temperaturprofil der Oberflächen beobachtet werden, obwohl unter der Oberfläche ein einheitlicher durchflossener Hohlraum besteht. Die Ursache hierfür könnte darin begründet sein, dass das Kühlmedium den Hohlraum nicht gleichmäßig durchströmt.

5.2.4 Analyse der durchschnittlichen Oberflächentemperatur

Um die Temperiergeschwindigkeit quantifizieren zu können, stellen die Abbildungen 5.5 und 5.6 die durchschnittlichen Temperaturen der jeweils mit dem Formteil in Kontakt stehenden Oberflächen in Abhängigkeit von der Zeit dar. Hierbei wurden Simulationen mit zwei um den Faktor 10 unterschiedlichen Volumenströmen des Kühlwassers durchgeführt (0,06 kg/s und 0,6 kg/s).

Die geringste durchschnittliche Oberflächentemperatur bei dem geringeren Wasserdurchsatz von 0,06 kg/s weist die konturnahe Kanaltemperierung auf. Die konventionelle Temperierung liegt durchschnittlich um ca. 2 K höher und die Hohlraumtemperierung hat die höchste Temperatur, d.h. die geringste Kühlwirkung. Bei der Simulation mit einem um Faktor 10 erhöhten theoretischen Wasserdurchfluss (0,6 kg/s) weist die Hohlraumtemperierung hingegen nur noch einen geringen Abstand im Vergleich zur konturnahen Kanaltemperierung auf.

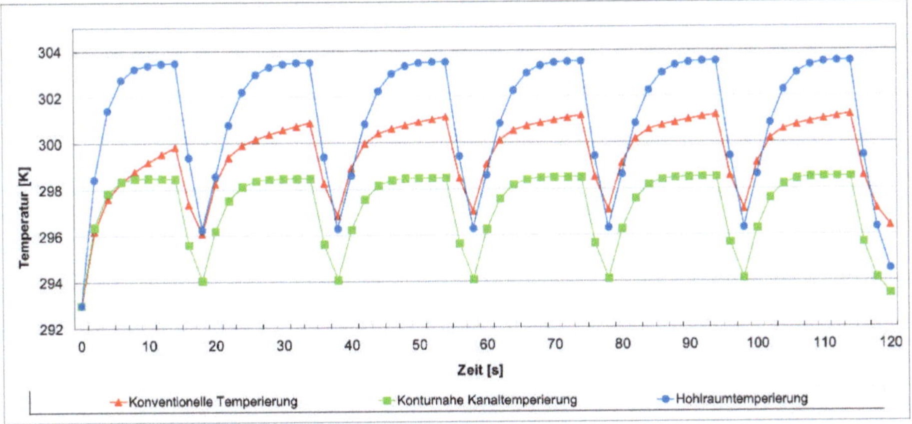

Abbildung 5.5: Darstellung durchschnittliche Oberflächentemperatur der Auswerferseite des Formeinsatzes bei einem Wasserdurchsatz von 0,06 kg/s

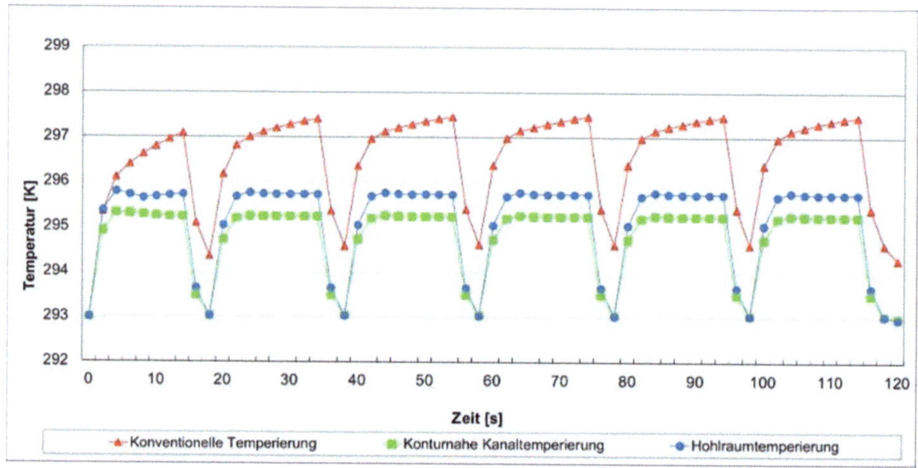

Abbildung 5.6: Darstellung durchschnittliche Oberflächentemperatur der Auswerferseite des Formeinsatzes bei einem Wasserdurchsatz von 0,6 kg/s

Tabelle 5.2: Maximale durchschnittliche Oberflächentemperatur Auswerferseite des Werkzeugs während des simulierten Heiz- und Kühlzyklus

Massestrom Temperiermedium	0,06 kg/s	0,6 kg/s
Konventionelle Temperierung mit 2 Kühlstiften	301,22 K	297,47 K
Konturnahe Kanaltemperierung	298,52 K	295,33 K
Hohlraumtemperierung	303,52 K	295,79 K

Die oben dargestellten Temperaturen der Formoberflächen lassen jedoch keinen finalen Rückschluss auf die Leistungsfähigkeit des Temperiersystems zu, da sich die Simulation auf eine vorgegebene, als konstant angenommene Durchflussmenge des Temperiermittels bezog. Durch die unterschiedlichen Geometrien besitzt jedes Temperiersystem einen spezifischen Druckverlust, der dem Pumpsystem entgegengesetzt wird und die Menge an durchströmendem Temperiermittel beeinflusst. Es kann daher davon ausgegangen werden, dass beim Temperierhohlraum aufgrund des geringeren Druckverlustes ein höherer Volumenstrom entsteht, was wiederum zu einem erhöhten Temperiereffekt und niedrigeren Oberflächentemperaturen führen würde. Der Aspekt des Druckverlustes soll im Kapitel 5.2.5 untersucht werden.

5.2.5 Analyse der Druckverluste der verschiedenen Temperiersysteme

Die Temperiersysteme im Spritzgusswerkzeug werden vom Temperiermedium durchflossen. Hierbei muss die Pumpe des Temperiersystems dem Druckverlust des Systems entgegenwirken. Entsprechend den Eigenschaften der Pumpe sinkt die Durchflussmenge bei steigenden Druckverlusten. Ein Vorteil ist es daher, wenn das Temperiersystem einen möglichst geringen Druckverlust besitzt, wozu in Kapitel 4.1.3 die theoretischen

Zusammenhänge benannt wurden. Die drei Temperiergeometrien wurden in Verbindung mit den beiden im Kapitel 5.2.4 benannten Durchflussmengen unter Verwendung der Simulationssoftware Ansys untersucht. In diesen Simulationsläufen ist der Druck am Ausgang des Systems auf 1 bar, entsprechend dem Umgebungsluftdruck, festgesetzt worden. Als Ergebnisgröße der Simulation wird der Eingangsdruck am Systemeingang berechnet. Die Differenz zwischen diesem Wert und dem Ausgangsdruck von 1 bar ist der zu bestimmende und zu analysierende Druckverlust des Temperiersystems bei den jeweils spezifischen Randbedingungen.

Tabelle 5.3 sowie die Abbildungen 5.7 und 5.8 zeigen die Simulationsergebnisse der Druckverluste der verschiedenen Temperiersysteme für die Auswerferseite des Werkzeugs. Auffallend ist hierbei, dass die Hohlraumtemperierung die niedrigsten Werte besitzt. Die Unterschiede sind jeweils signifikant, so beträgt der Druckverlust des konventionellen, mittels Bohrverfahren erstellten Temperiersystems ein Vielfaches gegenüber der Hohlraumtemperierung. Die Ursache dürfte darin liegen, dass bei dem konventionell gefertigten Temperiersystem sämtliche Elemente in Reihe verbunden sind. Bei der konturnahen Kanalkühlung ist zwar der kleine Kanaldurchmesser zwar ein Faktor für einen höheren Druckverlust, durch das hier erfolgte Parallelschalten der vier jeweils hinter einer der Seitenflächen befindlichen Kanäle kann aber ein vergleichsweise niedriger Druckverlust erreicht werden. Der Druckverlust der Hohlraumtemperierung nimmt dabei einen nochmals deutlich niedrigeren Wert an, da der große Hohlraum abgesehen von dem mittig platzierten Umlenkkörper der Strömung wenig Widerstand entgegensetzt.

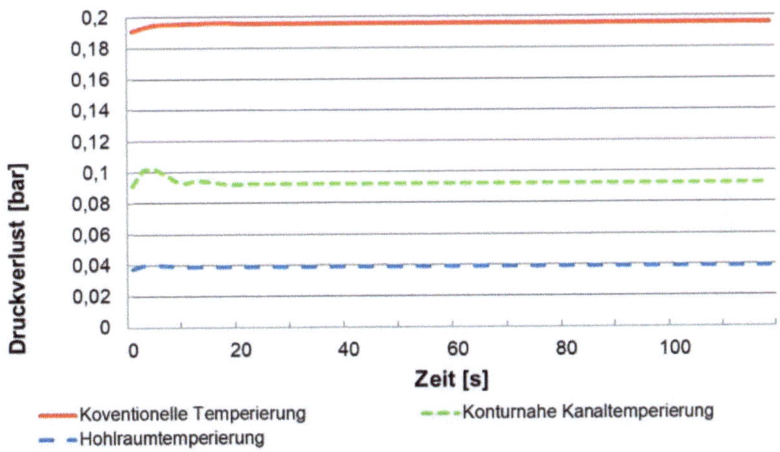

Abbildung 5.7: Druckverlust des Temperiersystems der Auswerferseite bei einem niedrigen Wasserdurchsatz von 0,06 kg/s

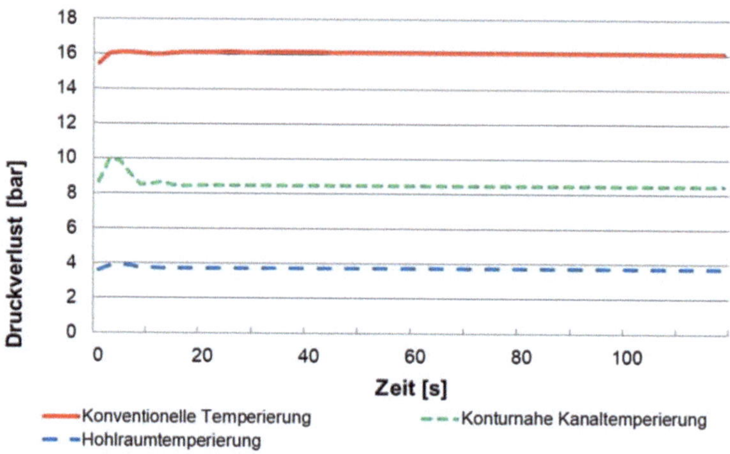

Abbildung 5.8: Druckverlust des Temperiersystems der Auswerferseite bei einem hohen Wasserdurchsatz von 0,6 kg/s

Einen Überblick über die Druckverluste in den verschiedenen Temperiersystemen für den jeweils gleichen Temperiermitteldurchfluss gibt Tabelle 5.3:

Tabelle 5.3: Maximale Druckverluste der Auswerferseite des Werkzeugs in Abhängigkeit von der Durchflussmenge Temperiermedium

Durchflussmenge Temperiermedium (Kühlung)	Konventionelle Temperierung	Konturnahe Kanal-temperierung	Hohlraum-temperierung
$\dot{m} = 0{,}06$ kg/s	0,20 bar	0,09 bar	0,04 bar
$\dot{m} = 0{,}6$ kg/s	16,09 bar	8,48 bar	3,74 bar

Die Höhe des Druckverlustes bestimmt in Verbindung mit den Eigenschaften des Pumpensystems die Menge an durchfließendem Temperiermittel. Die Hohlraumtemperierung, die in den Berechnungen aus Tabelle 5.2 und Abbildung 5.5 bei einer geringen Durchflussmenge des Temperiermittels die geringste Temperierwirkung erzielte, hat in dieser Untersuchung den geringsten Druckverlust. Es kann daher erwartet werden, dass bei der Hohlraumtemperierung durch ihren geringen Druckverlust eine im Vergleich größere Menge an Kühlmedium durch das Werkzeug geführt und hierdurch als Folge ein erhöhter Temperiereffekt erzielt werden kann.

5.2.6 Analyse der Gleichmäßigkeit des Temperiereffektes

Neben der Geschwindigkeit des Temperierprozesses ist die Gleichmäßigkeit der Temperierung auf der Werkzeugoberfläche ebenfalls von großer Bedeutung für die Werkzeugauslegung, da sie einen wesentlichen Einfluss auf den Verzug und die Formgenauigkeit der gefertigten Spritzgussbauteile besitzt.

Bei der Auswerferseite zeigt der konventionell gefertigte Formeinsatz mit zwei Kühlstiften in der Simulation mit einem niedrigen Durchfluss des Temperiermediums die mit Abstand größte Temperaturdifferenz von mehr als 25 K. Die Ursache liegt vor allem darin, dass die zwei Kühlstifte diagonal zwei Formecken vergleichsweise gut kühlen, während die anderen zwei Formecken vergleichsweise weit von den durchströmten Elementen entfernt sind und die lokale Kühlwirkung niedriger ist. Die Hohlraumtemperierung hat im Vergleich eine sehr viel geringere Temperaturdifferenz auf der Oberfläche von unter 15 K. Die konturnahe Kanalkühlung hat in der Analyse die geringste Temperaturdifferenz auf der Oberfläche von unter 10 K, weil hier die Fließwege des Temperiermediums vorgegeben sind und die Kanäle gleichmäßig unter der Oberfläche verteilt sind. Bei einer Erhöhung der Durchflussmenge sinken die Temperaturdifferenzen der beiden additiv erstellten Temperierungen deutlich und erreichen vergleichbare Werte (siehe auch Abbildung 5.10).

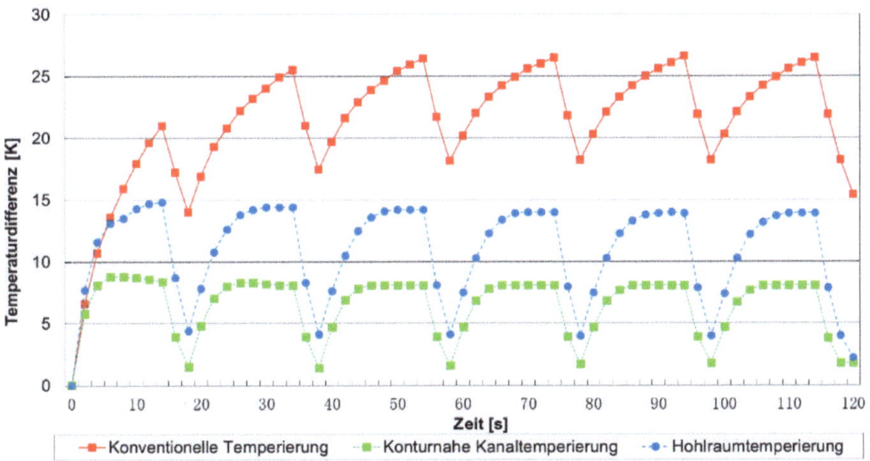

Abbildung 5.9: Temperaturdifferenz auf der Formoberfläche der Auswerferseite bei einer niedrigen Durchflussmenge des Temperiermediums von 0,06 kg/s

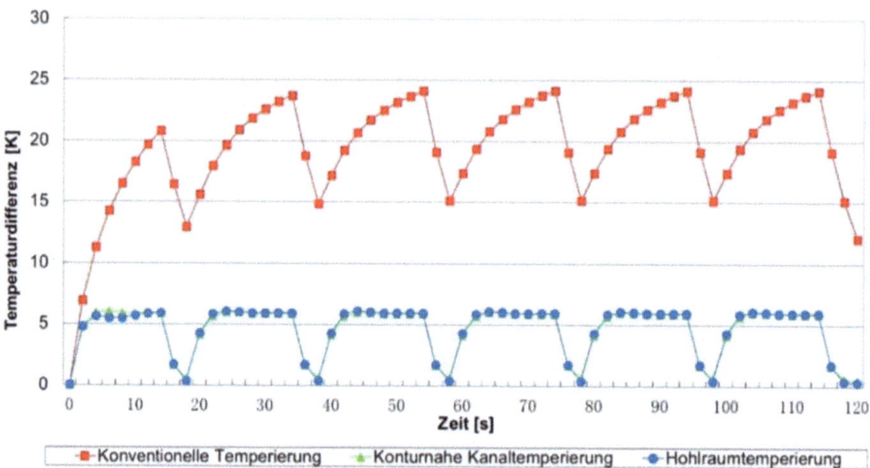

Abbildung 5.10: Temperaturdifferenz auf der Formoberfläche der Auswerferseite bei einer hohen Durchflussmenge des Temperiermediums von 0,6 kg/s

5.2.7 Zusammenfassende Analyse der Simulationsergebnisse zur Temperierung der Werkzeugeinsätze

Obwohl die in den Untersuchungen zugrunde gelegten Werkzeug- und Temperiersystemgeometrien und die gewählten Simulationsparameter keine Allgemeingültigkeit besitzen, zeigen diese Ergebnisse doch relevante Unterschiede der Eigenschaften der verschiedenen Ansätze zur Konstruktion und Fertigung von Temperiergeometrien.

Bei konstant angenommenem Durchfluss des Temperiermediums zeigt die konturnahe Kanaltemperierung die besten Kennwerte, d.h. eine niedrige mittlere Oberflächentemperatur und auch die geringste maximale Temperaturdifferenz auf der Oberfläche. Die konventionell gefertigte Temperierung mit den beiden Temperierstiften zeigt demgegenüber die ungünstigsten Werte, da die Temperierstifte durch den asymmetrischen Aufbau sowohl eine hohe Temperaturdifferenz als auch eine geringere Kühlwirkung erreichen. Die Hohlraumtemperierung liegt bei den Kennwerten bei einem niedrigen Mengenstrom des Temperiermittels zwischen den beiden anderen Temperierungen. Bei einem sehr hohen Temperiermitteldurchsatz erreicht die Hohlraumtemperierung nahezu die gleich kleine Temperaturdifferenz wie die konturnahe Kanaltemperierung. Dies bedeutet, dass bei diesen beiden additiv gefertigten Temperierungen die Effekte sich angleichen, je höher der Temperiermittelstrom ist.

Die Analyse des Druckverlustes zeigt ebenfalls deutliche Unterschiede der Temperiergeometrien. Hierbei zeigt die konventionelle Temperierung des Werkzeugs den höchsten, d.h. schlechtesten Wert. Dies ist insbesondere den langen Kanalwegen und dem seriellen Durchströmen der beiden gebohrten Kühlstifte zuzurechnen. Die Hohlraumtemperierung zeigt hier hingegen die deutlich niedrigeren Werte, weil der durchflossene Hohlraum dem Medium kaum einen Widerstand entgegensetzt. Hierin relativieren sich die ungünstigen, bei konstantem Temperiermitteldurchlauf ermittelten Werte für die durchschnittliche Oberflächentemperatur und die Temperaturdifferenz. Das Konzept der Hohlraumtemperierung ist durch den niedrigen Druckverlust geeignet, vergleichsweise große Mengen Temperiermittel durch die Form strömen zu lassen. Wie der Vergleich der Messwerte der Temperierwirkung bei niedrigem und hohem Temperiermittelstrom zeigt, könnte eine Hohlraumtemperierung durch den potentiell größeren Temperiermittelstrom sowohl eine sehr hohe Temperierleistung als auch eine vergleichsweise homogene Temperaturverteilung erreichen.

5.3 Analyse des Einflusses der Temperiergeometrie auf den Spritzgussprozess mittels einer Spritzgusssimulation

5.3.1 Zielsetzung der Spritzgusssimulation

Im vorigen Kapitel 5.2 wurden die Unterschiede der Einflüsse der Temperiergeometrien auf den Temperierprozess mittels Simulation der Oberflächentemperaturen und Durchflüsse untersucht. Deren konkreter Einfluss auf den Spritzgussprozess und die Bauteileigenschaften und Bauteilqualität kann jedoch wegen der Komplexität des Prozesses nur mit einer spezifischen Spritzguss-Simulationssoftware untersucht werden. Im Folgenden wird ein Spritzgussprozess simulativ untersucht, bei dem bei jeweils gleicher Wahl der Prozessparameter das Spritzgussbauteil mit den oben beschriebenen, unterschiedlich temperierten Werkzeugen gefertigt wird. Auf diese Weise soll der Einfluss der Temperiersysteme auf den Spritzgussprozess und die Bauteileigenschaften analysiert werden. Die Bauteilschwindung mit ihrem Einfluss auf die Maßhaltigkeit ist ein wesentliches Merkmal der technischen Qualität der erstellten Spritzgussbauteile und lässt auch Rückschlüsse auf den Prozessablauf zu.

5.3.2 Vorgehen der Simulation des Spritzgussprozesses

Für die Analysen wurde die Software 3D Sigma der Firma Sigmasoft eingesetzt. Der Preprozessor der Software dient zunächst zum Import bzw. zum Erstellen der Werkzeug- und Bauteilgeometrien. Als Vorbereitung zur Berechnung sind den einzelnen Geometrieelementen ihre Funktionen (z. B. Auswerfer, Werkzeuggeometrie Düsenseite, Kühlkanal) im Prozessablauf zuzuweisen. Nach der Festlegung der notwendigen Parameter werden die Geometrien dreidimensional vernetzt. Die Prozessparameter des zu simulierenden Spritzgussprozesses werden auf Basis vorgegebener Parameterfelder eingegeben und aus hinterlegten Tabellenwerten ausgewählt.

Das Temperiersystem wird hierbei im Gegensatz zu den Simulationsrechnungen im Abschnitt 5.2 nicht als von einem Medium durchflossene Geometrien simuliert. Stattdessen werden die Oberflächen der Temperiersysteme als Wärmesenke mit einheitlichen Oberflächeneigenschaften betrachtet. Die Simulation kann somit Unterschiede aufzeigen, die sich durch eine konturnahe Anordnung und eine Vergrößerung der Oberfläche der Temperiersysteme ergeben. Spezifische durchflussbezogene Effekte, wie eine erhöhte Durchflussmenge durch einen verringerten Druckverlust, sich im Kreis bewegende Anteile des Temperiermediums in Hohlräumen oder das Aufheizen des Mediums während des Durchflusses, werden demnach systembedingt vernachlässigt.

Nach der Durchführung der eigentlichen Simulationsrechnungen können die Ergebnisse im Postprozessor quantitativ und qualitativ ausgewertet werden. Hierbei können für alle Prozessphasen die Temperaturprofile des gesamten Systems, das Fließverhalten der Kunststoffschmelze während des Einspritzvorganges und die Schwindung bzw. ggf. der Verzug des abgekühlten Bauteiles dargestellt werden. Im Folgenden werden die temperaturbezogenen Ergebnisse sowie die Schwindungseigenschaften analysiert, um die Einflüsse der drei in Kapitel 4 vorgestellten Temperiergeometrien auf den Spritzgussprozess zu untersuchen.

5.3.3 Analyse des Einflusses der Temperiergeometrie auf die Bauteileigenschaften mittels Spritzgusssimulation

Mittels der Spritzgusssimulation lassen sich die Auswirkungen des Temperierprozesses auf die Schwindung und ggf. den Verzug der mit den verschieden temperierten Werkzeugen gefertigten Bauteile berechnen. Die Schwindung kann dabei bei der genutzten Software 3D Sigma für jede der drei Raumrichtungen getrennt erfasst werden. Werden zunächst lediglich die absoluten Werte betrachtet, indem die Spanne zwischen maximalen und minimalen Schwindungswerten gebildet wird, so ergeben sich in Entformungsrichtung, die in der Simulation als x-Achse definiert ist, nur geringe Unterschiede zwischen allen drei Werkzeugtemperierungen (Tabelle 5.4 und Abbildung 5.11). Bei der Schwindung senkrecht zur Entformungsrichtung (y- und z-Achse) zeigen sich hingegen bei der Hohlraumtemperierung um bis zu 20 % geringere Werte als bei der konventionellen Temperierung und der konturnahen Kanaltemperierung, was durch eine weiter fortgeschrittene Erstarrung verursacht sein sollte.

Tabelle 5.4: Schwindung in drei Raumrichtungen in Abhängigkeit von den Temperiergeometrien des Werkzeugs

	Konventionelle Temperierung	Konturnahe Kanaltemperierung	Hohlraumtemperierung
Schwindung in x-Achse (Entformungsrichtung)	0,1659 mm	0,1751 mm	0,1664 mm
Schwindung in y-Achse	0,2688 mm	0,2671 mm	0,2155 mm
Schwindung in z-Achse	0,2764 mm	0,2844 mm	0,2272 mm

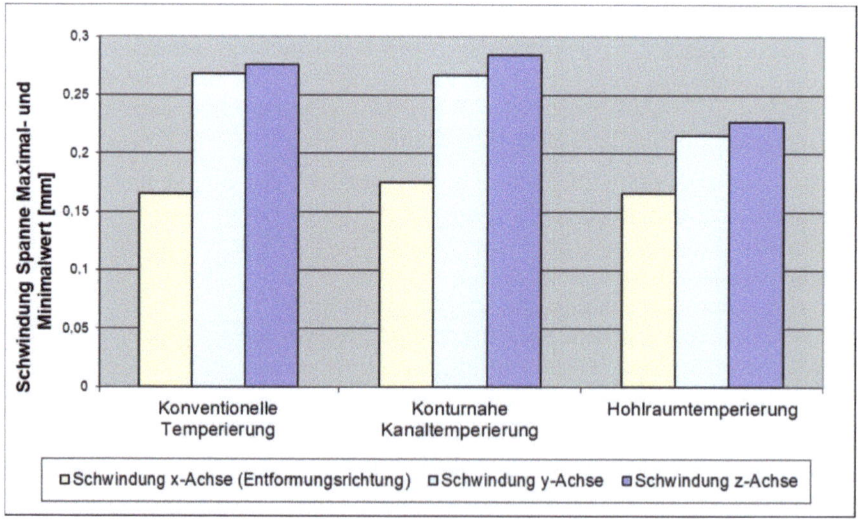

Abbildung 5.11: Differenz des Minimal- und Maximalwertes der berechneten Schwindung entlang der drei Bauteilachsen

Die qualitative Auswertung der Schwindung zeigt im Gegensatz zu der oben dargestellten Spanne zwischen Maximal- und Minimalwert eindeutige Vorteile der additiv gefertigten konturnahen Kanaltemperierung und der Hohlraumtemperierung gegenüber der konventionell gefertigten Temperierung mit zwei Temperierstiften. Als Folge des asymmetrischen Aufbaus weist die konventionelle Temperierung auch ein asymmetrisches Schwindungsverhalten in den gefertigten Bauteilen auf.

Neben den Absolutwerten der Bauteilschwindung ist vor allem die Gleichmäßigkeit bzw. Symmetrie der Schwindung von Bedeutung für die Bauteilqualität, da Abweichungen in der Regel zu Maß- und Formabweichungen führen. Die Abbildung 5.12 (rechts) zeigt, dass bei der konventionell gefertigten Temperierung mit zwei Temperierstiften die Extreme der Schwindung in z-Richtung (senkrecht zur Entformungsrichtung) diagonal gegenüber liegen und diese Ecken stark zur Bauteilmitte hineingezogen sind. Die beiden anderen sich ebenfalls gegenüber liegenden Eckbereiche haben geringere Schwindungswerte, so dass eine Asymmetrie entsteht. Die Abbildungen 5.13 und 5.14 zeigen, dass diese Asymmetrie bei der konturnahen Kanaltemperierung und der Hohlraumtemperierung nicht vorliegt. Der Effekt zeigt sich nicht nur an den Eckbereichen, auch die Seitenflächen weisen bei der konventionellen Temperierung Asymmetrien auf. Dies hätte bei einem realen Bauteil eine Abweichung von der quadratischen Form zur Folge. Bei der konturnahen Temperierung und der Hohlraumtemperierung zeigt sich zwar eine erhöhte Schwindung im Randbereich, in Entformungsrichtung besteht jedoch eine Symmetrieachse, so dass hier bei den gefertigten Bauteilen eine quadratische Bauteilgeometrie zu erwarten ist.

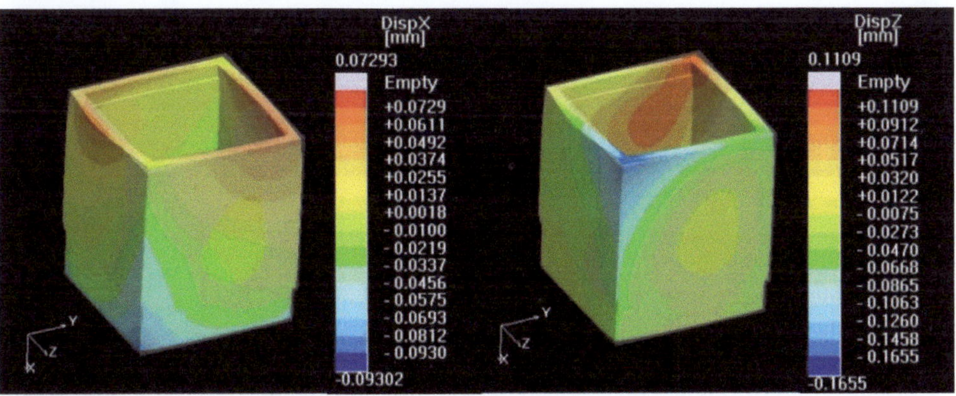

Abbildung 5.12: Darstellung der Schwindung in x- und in z-Achse, Fertigung mit konventioneller Temperierung (optische Darstellung Schwindung um Faktor 10 vergrößert)

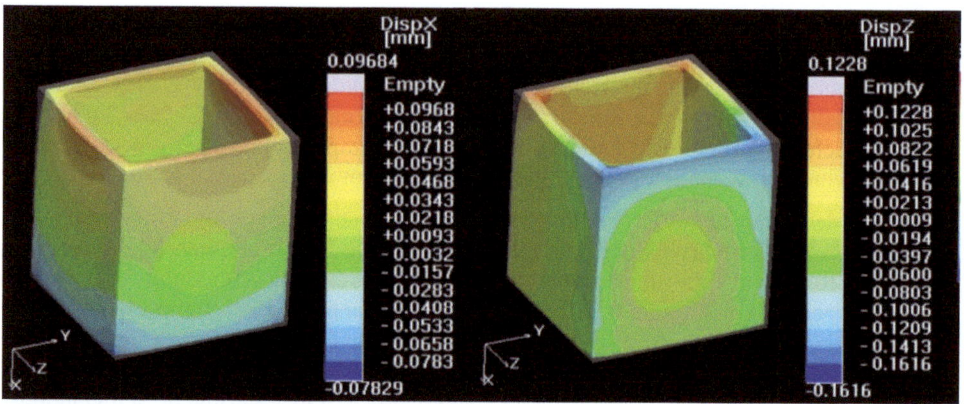

Abbildung 5.13: Darstellung der Schwindung in x- und in z-Achse, Fertigung mit konturnaher Kanaltemperierung (optische Darstellung Schwindung um Faktor 10 vergrößert)

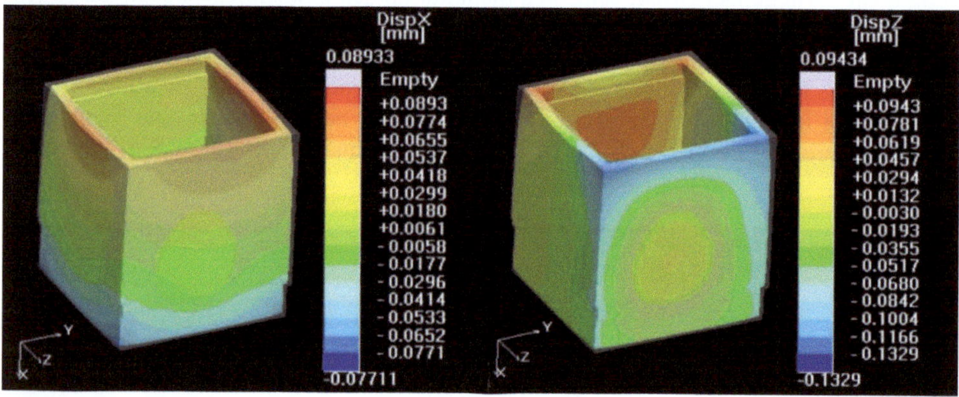

Abbildung 5.14: Darstellung der Schwindung in x- und in z-Achse, Fertigung mit Hohlraumtemperierung (optische Darstellung Schwindung um Faktor 10 vergrößert)

Bezüglich der Schwindung in Entformungsrichtung (x-Achse) zeigen sich Parallelen in den Ergebnissen. Die Abbildungen 5.13 und 5.14 (jeweils links) veranschaulichen, dass sich bei der konturnahen Kanaltemperierung und der Hohlraumtemperierung die Schwindung in Entformungsachse relativ einheitlich entlang der x-Achse verändert. Bei der konventionell gefertigten Temperierung (Abbildung 5.12, links) zeigt sich hingegen der Effekt, dass sich die Schwindung in x-Richtung stark diagonal auf den Seitenflächen verändert. Dieser durch die inhomogene Kühlung erzeugte Gradient bedeutet, dass die gefertigten Bauteile eine verringerte Formtreue aufweisen.

5.4 Bewertung der Ergebnisse der Simulationsrechnungen

Die Analyse der Ergebnisse der Simulationen lässt sich unterteilen in die Fähigkeit des Werkzeugs bzw. seiner Temperiergeometrie, eine schnelle und gleichmäßige Temperierung sicherzustellen (Kapitel 5.2), und die Auswirkungen auf das im Spritzguss gefertigte Bauteil bzw. dessen Schwindung (Kapitel 5.3). Die Analyse der Simulationsergebnisse der drei verschiedenen konturgebenden Formeinsätze zeigt, dass der Aufbau des internen Temperiersystems signifikante Auswirkungen auf das Temperierverhalten und auch die im Spritzgussprozess entstehenden Bauteileigenschaften hat, die sich auch anhand der Schwindung und des Verzugs nachvollziehen lassen.

Die konventionelle Temperierung mit dem spanend gefertigten, asymmetrischen und nicht konturfolgenden Aufbau zeigt beispielhaft die Nachteile auf, die durch zu große Fertigungsrestriktionen entstehen können. Der Formeinsatz erzeugt mit seinem asymmetrischen internen Aufbau eine starke Temperaturdifferenz zwischen gut und schlecht temperierten Bauteilbereichen. Die konturnahe Kanaltemperierung und die Hohlraumtemperierung konnten im Vergleich einen deutlich größeren und auch gleichmäßigeren Temperiereffekt zeigen. Weiterhin zeigte sich aber auch, dass der Druckverlust der Temperiergeometrien sich gemäß Tabelle 5.3 deutlich unterschied, so dass bei konstanter Pumpleistung insbesondere bei der Hohlraumtemperierung ein deutlich erhöhter Mengenstrom an Temperiermittel (in diesem Fall Kühlwasser) möglich wird. Dieser erhöhte Durchsatz an Temperiermittel würde den Temperiereffekt deutlich ansteigen lassen und zusätzlich auch die Homogenität der Temperierung erhöhen (entsprechend Abbildungen 5.9 und 5.10).

Bei der Betrachtung der für die Bauteilqualität relevanten Schwindungswerte der gefertigten Spritzgussbauteile ergeben sich in den Spritzgusssimulationen ebenfalls deutliche Unterschiede, die ihre Ursache in den Unterschieden der oben benannten Temperiereigenschaften der Formeinsätze haben. Die Gesamtschwindung sinkt in den beiden Raumrichtungen senkrecht zur Entformungsrichtung durch den Einsatz der Hohlraumtemperierung gegenüber der konventionellen Temperierung, was vermutlich vor allem auf eine fortgeschrittene Erstarrung zurückzuführen ist. Insbesondere kann aber festgestellt werden, dass die beiden additiv gefertigten Temperiersysteme durch ihre Symmetrie auch einen gleichmäßigeren Abkühlprozess erzeugen, der sich in einem gleichmäßigeren Verlauf der Schwindung niederschlägt. Der konventionelle Formeinsatz mit zwei Temperierstiften zeigt beispielhaft, wie Asymmetrien der Temperiergeometrie auch zu Asymmetrien der Bauteilmaße bzw. Verzug führen können, die in diesem Beispiel so hoch sind, dass die Bauteile für die meisten Anwendungen kaum geeignet wären.

Aus den obigen Ergebnissen kann somit der Schluss gezogen werden, dass additiv aufgebaute Formeinsätze den Zielkonflikt zwischen Geschwindigkeit und Bauteilqualität in entsprechenden Anwendungen auflösen können und die Bauteile schneller und auch gleichmäßiger abkühlen. Hierdurch können die Bauteile schneller entformt werden und weisen dennoch bessere Bauteileigenschaften auf. Die im Rahmen der Arbeit konzipierte Hohlraumtemperierung kann hierbei insbesondere durch ihren geringen Druckverlust den Vorteil eines hohen Temperiermitteldurchsatzes bieten, dabei aber durch den geringen bzw. im theoretischen Grenzfall gar nicht vorhandenen Temperierfehler gleichzeitig auch eine hohe Bauteilqualität erzeugen.

6 Experimentelle Analyse von Werkzeugtemperiersystemen

Nachdem in den vorangegangenen Kapiteln mit theoretischen Analysen und Simulationen die Einflüsse und Eigenschaften innovativer Werkzeug-Temperiergeometrien untersucht worden sind, sollen abschließend in experimentellen Untersuchungen mit einem realen Werkzeugaufbau und Spritzgussversuchen Erkenntnisse gewonnen werden. Hierfür wurden die bereits in den Kapiteln 4 und 5 analysierten und mit unterschiedlichen internen Temperiersystemen ausgestatteten Formeinsätze gefertigt.

Die Formeinsätze wurden zunächst einer Thermographieanalyse unterzogen, die die Temperaturveränderung im Abkühlprozess zeitabhängig auf der Oberfläche erfassen kann, analog zu den Untersuchungen in Kapitel 5.2. In einem weiteren Schritt wurde der Einfluss der unterschiedlichen Temperiersysteme auf den Spritzgussprozess und die sich daraus ergebenden Eigenschaften der gefertigten Spritzgussbauteile aus Kunststoff untersucht, indem vergleichende Spritzgussversuche mit den wechselbaren Formeinsätzen durchgeführt wurden, analog zu den Untersuchungen in Kapitel 5.3.

Die Variation relevanter Prozessparameter erlaubt Analysen und Rückschlüsse auf die Beeinflussung des Prozesses und der Bauteilschwindung in Abhängigkeit von der Temperiergeometrie. Abschließend erfolgt eine Analyse der bei der Entformung entstehenden Auswerferkräfte, da diese Erkenntnisse über das Fortschreiten des Spritzgussprozesses und den Effekt der Temperiergeometrie erlauben.

6.1 Konstruktion und Fertigung eines Versuchswerkzeugs zur Analyse von Temperiersystemen

6.1.1 Konstruktiver Aufbau des Versuchswerkzeugs

Das Versuchswerkzeug für die Fertigung des in Kapitel 4 und 5 vorgestellten Spritzgussbauteils ist als Einkavitätenwerkzeug mit einer Heizdüse konstruiert, wobei die Formeinsätze der Auswerferseite zur Analyse des Einflusses der Temperiergeometrien gewechselt werden konnten. Die Auswerfermechanik bestand aus einem Paket von vier Auswerfern, die jeweils auf eine der vier Ecken des würfelförmigen Bauteils wirkten.

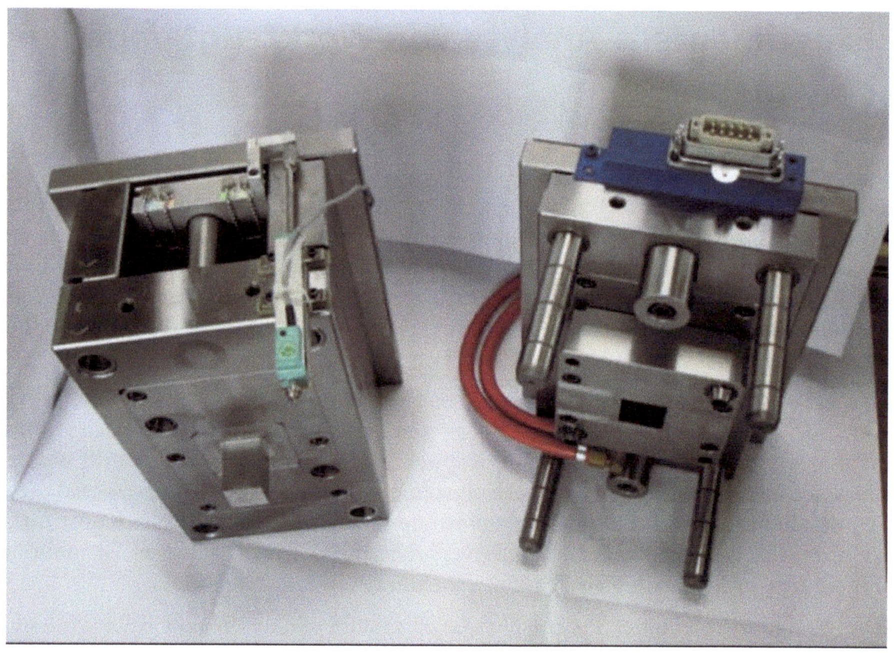

Abbildung 6.1: In den Versuchsreihen verwendetes Spritzgusswerkzeug (links Auswerferseite mit wechselbarem Formeinsatz, rechts Düsenseite)

6.1.2 Messtechnik zur Prozessdatenaufnahme

Zur Prozessdatenaufnahme während des Spritzgusszyklus waren zwei Sensoriksysteme am Werkzeug integriert. Zum einen überwachte ein potentiometrischer Wegsensor den Schließvorgang des Werkzeugs und setzte den zurückgelegten Weg in ein Spannungssignal um. Der Wegsensor war auf der Oberseite des Werkzeugs installiert und sowohl mit der Auswerferplatte als auch mit dem Werkzeugrahmen der Auswerferseite verbunden, so dass die Relativbewegungen zwischen den beiden Elementen beim Auswurfvorgang aufgenommen werden konnten. Der Messbereich betrug 75 mm, der linear in ein 24 V Spannungssignal gewandelt wurde. Über einen Messverstärker und an einen A/D-Wandler wurde das digitale Signal an einen Messrechner weitergeleitet.

Für die Messung der Auswerferkräfte war unter jedem der vier Auswerferstifte je ein Piezosensor montiert (Typ Kistler 9204B, Messbereich bis 10 kN). Der piezoelektrische Effekt erzeugt in den einzelnen Elementarzellen des Sensors Ladungsverschiebungen, deren Aufsummierung ein elektrisches Potential darstellen. Die entstandenen Ladungen konnten ebenfalls mittels eines Messverstärkers und eines A/D-Wandlers für die Analyse am Messrechner aufbereitet werden.

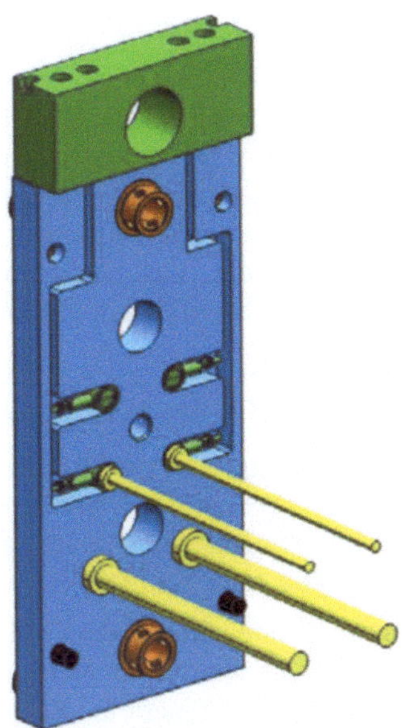

Abbildung 6.2: Auswerferplatte mit integrierter Sensorik (Abbildung zeigt zwei der vier Auswerferstifte und zwei Führungsbolzen)

Der beschriebene Messaufbau ermöglicht eine dynamische Messung der Größen Auswerferkraft und Auswerferweg während des Spritzgussprozesses, die zeitlich zueinander in Bezug gesetzt werden können.

6.1.3 Fertigung von Formeinsätzen zur vergleichenden Untersuchung von Temperiergeometrien

Zur vergleichenden Untersuchung von konventionell gefertigten und additiv erzeugten, konturnahen Temperiergeometrien wurden für das beschriebene Spritzgusswerkzeug die drei in Kapitel 4.3 beschriebenen Formeinsätze für die Auswerferseite des Werkzeugs gefertigt.

Formeinsatz mit konventionell gefertigtem Temperiersystem

Der auswerferseitige Formeinsatz mit dem konventionellen Temperiersystem ist spanend gefertigt worden. Die Außenkontur wurde frästechnisch erstellt, das interne Temperiersystem wurde durch Bohrungen eingebracht. Aufgrund der fertigungstechnischen Restriktionen war nur in zwei der vier Ecken jeweils eine Bohrung eingebracht, in die wiederum jeweils ein Umlenkblech integriert war. In Kombination mit Verbindungsbohrungen im Sockel ermöglicht dies, dass die beiden Bohrungen (im Weiteren auch als Temperierstifte bezeichnet) vom Temperiermittel in Reihe durchflossen werden und damit die konturgebenden Geometrien des Formeinsatzes temperieren.

Laseradditiv gefertigter Formeinsatz mit konturnahem Kanal-Temperiersystem

Der Formeinsatz mit dem konturnahen Kanal-Temperiersystem ist mittels eines laseradditiven Verfahrens in einer hybriden Konstruktion aufgebaut worden. Auf einem frästechnisch erstellten Sockel wurde additiv schichtweise der konturgebende Bereich aufgebaut. Der mit einem Aufmaß additiv aufgebaute Bereich wurde im Anschluss mittels Fräsen auf Maß nachbearbeitet. Beim Fertigen wurde schichtweise ein innen liegendes, konturnahes Temperiersystem eingebracht, das nach einer Verzweigung parallel und mäanderförmig jeweils hinter den vier Seitenflächen geführt wurde.

Laseradditiv gefertigter Formeinsatz mit Temperierhohlraum

Als dritte in die Analysen einzubeziehende Temperiergeometrie wurde der Formeinsatz mit Temperierhohlraum laseradditiv gefertigt. Ziel der Konstruktion war es, sowohl einen extrem geringen Fließwiderstand als auch einen geringen Kühlfehler j auf der Werkzeugoberfläche zu erzielen (siehe auch Kapitel 4.1.3).

Um den Formeinsatz und seinen innen liegenden Hohlraum gegen die hohen, senkrecht in Einspritzrichtung wirkenden mechanischen Belastungen des Spritzgießprozesses zu stabilisieren und auch die waagerechte Fläche additiv fertigen zu können, wurde in den Hohlraum eine dreidimensionale Gitterstruktur eingebracht. Über Bohrungen im Sockel wird ein Zu- und Ablauf für das Temperiermedium zum Hohlraum erzeugt. Um eine Durchströmung des Hohlraumes zu gewährleisten, wurde zwischen den Zu- und Ablaufbohrungen im Hohlraum ein Umlenkkörper im additiven Fertigungsprozess mit aufgebaut.

Dieser Formeinsatz ist ebenfalls in einer hybriden Konstruktion mittels laseradditiver Fertigung aufgebaut worden. Auf dem frästechnisch erstellten Sockel wurde schichtweise mit einem Aufmaß die konturgebende Geometrie mit innen liegender Hohlgeometrie aufgebaut. Im Anschluss wurde der Formeinsatz ebenfalls frästechnisch auf Maß gearbeitet.

Für die Erstellung des stützenden Stabwerkes im Hohlraum wurde ein Gitter als dreidimensionaler Datensatz programmiert. Die Stäbe des Gitters entstehen dadurch, dass in jeder Pulverschicht des laseradditiven Fertigungsprozesses die Stabgeometrie punktförmig belichtet wurde. Mit diesem Vorgehen lassen sich minimale Stabdurchmesser erzeugen, weil die herkömmliche Belichtung mit Vektoren gezwungenermaßen größere Stabdurchmesser bewirken würde. Die Stäbe wurden mit einem definierten Abstand zueinander und definierten, kreuzweisen Ausrichtungen im Raum aufgebaut, so dass ein dreidimensionales Gitter entstand, das eine gute Durchströmbarkeit für das Temperiermittel erzeugte.

Grundlage des Stabwerkes ist eine Basis-Quadergeometrie, bei der jede mögliche Kombination an Verbindungen zwischen den acht Eckpunkten eines Quaders über drei Möglichkeiten realisiert werden kann: (1.) Stäbe in x-, y- oder z-Richtung, (2.) Stäbe in den Flächendiagonalen oder (3.) Stäbe in der Raumdiagonalen. Im Stabwerk des benannten Formeinsatzes wurden aus der ersten Gruppe nur die Stäbe in senkrechter z-Richtung erstellt, weil ein horizontales Bauen von Stäben der x- und y-Achse im Metallpulverbett aufgrund der fehlenden Anbindung an eine untere Pulverschicht nicht möglich ist. Aus dem gleichen Grund wurden Flächendiagonalen nur in der x-z- und y-z-Ebene, nicht jedoch in der zum Pulverbett parallelen x-y-Ebene erstellt. Auf die Raumdiagonalen wurde gänzlich verzichtet, um die Strömung des Temperiermediums nicht zu vermindern. Die Größe der Quadergeometrien wurde auf 2,1 mm festgelegt. Das Gesamtstabwerk wies in jeder der drei Raumrichtungen eine Länge von 12 Grundgeometrien auf.

Die Belichtungsdaten und Parameter des Werkzeugeinsatzes und des Stabwerkes wurden beide überlagernd in der Software der Fertigungsanlage positioniert. Auf diese Weise wurde der Hohlraum des Werkzeugeinsatzes durch das Gitter ausgefüllt. Eine sichere Verbindung des Stabwerkes mit dem Vollmaterial des Werkzeugeinsatzes wurde durch einen überlappenden Bereich sichergestellt, indem dort sowohl die Daten des Werkzeugeinsatzes als auch die des Stabwerks belichtet wurden.

Abbildung 6.3: Schnitt durch Formeinsatz mit Hohlraumtemperierung (Schnittebene parallel zum Pulverbett der Fertigung und quer zur Entformungsrichtung im Werkzeugeinsatz)

6.2 Thermographische Untersuchung zur qualitativen und quantitativen Analyse unterschiedlicher Temperierkonzepte

6.2.1 Zielsetzung der Untersuchungen

Bei der Entwicklung von Temperiersystemen für Spritzgusswerkzeuge sind vor allem die Kriterien Leistungsfähigkeit und Homogenität der Temperierung bzw. des Wärmeüberganges an der Kontaktfläche zwischen Werkzeug und Spritzgussbauteil relevant. Die Wärme des Spritzgussbauteils sollte mit möglichst hoher Geschwindigkeit vom Werkzeug aufgenommen werden. Abhängig von der Geometrie des Temperiersystems, der lokalen Wärmeunterschiede des Spritzgussbauteils und der Geometrie des Werkzeugs bestehen hierbei jedoch Temperaturgradienten auf der formgebenden Geometrie als Kontaktfläche. Um die Geschwindigkeit und Gleichmäßigkeit der Temperierung durch Formeinsätze mit unterschiedlichen Temperiersystemen zu untersuchen, wurde das Abkühlverhalten der Werkzeugeinsätze mit einer Wärmebildkamera vermessen. Nach Bluhm [Blu96] bietet sich die Vermessung von Temperaturen mittels thermographischer Messmethoden in den folgenden Fällen an:

- Messungen an unzugänglichen Orten

- Temperaturmessungen mit kurzer erforderlicher Ansprechzeit
- Messungen an Körpern mit schlechter Wärmeleitung oder geringer Wärmekapazität

Insbesondere eine kurze Ansprechzeit ist notwendig, um das Abkühlverhalten als dynamischen Prozess sichtbar zu machen [Ste08]. Zudem bietet eine solche thermographische Untersuchung die Möglichkeit, eine flächige Vermessung sicherzustellen, während viele alternative Messmethoden lediglich eine oder mehrere punktförmige Messungen ermöglichen würden, aus denen gegebenenfalls durch Interpolation auf den Zustand der Fläche geschlossen werden kann.

Grundlage der Messmethode Thermographie ist der Umstand, dass jeder Körper oberhalb des theoretischen Temperaturnullpunkts Wärmeenergie besitzt und Wärmestrahlung abgibt. Nach dem Stefan-Boltzmann-Gesetz ergibt sich für den idealisierten, als schwarzen Strahler bezeichneten Körper, der sämtliche einfallende elektromagnetische Strahlung absorbiert, dass dieser im thermischen Gleichgewicht auch die gleiche Menge an Strahlung wieder abgibt. Die von einem schwarzen Körper je Flächeneinheit emittierte Gesamtstrahlung bzw. Emission $\dot{e}_S$ ergibt sich nach [Gro11] mit der Stefan-Boltzmann-Konstante und der Temperatur durch folgenden Zusammenhang:

$$\dot{e}_S = \sigma \times T^4 \tag{6.1}$$

Jeder reale Körper besitzt jedoch ein im Vergleich zum idealen schwarzen Strahler geringeres Absorptions- und Emissionsvermögen. Mit dem Begriff des Emissionsgrads, der zwischen 0 und 1 liegt, lässt sich das Verhalten jedes realen Körpers auf das Verhalten des schwarzen Strahlers beziehen. Je höher der Emissionsgrad, desto stärker entspricht der reale Körper dem idealen schwarzen Strahler. Für eine Wärmebildanalyse wird dieser Faktor bestimmt, indem die Wärmestrahlung mit einem realen Messwert abgeglichen wird. Im Falle der durchgeführten Messung ergab sich ein Faktor von 0,7. Da die Messbedingungen aller Werkzeugeinsätze aber vergleichbar waren, kann dieser Faktor bei der vergleichenden Analyse entfallen.

6.2.2 Durchführung der Thermographieanalyse

Die Thermographie-Untersuchung von Oberflächen der Werkzeugkavität ist während des Spritzgussprozesses wegen der Unzugänglichkeit im geschlossenen Werkzeugzustand nicht möglich. Um spezifisch die Eigenschaften des Temperiersystems ohne Prozesseinflüsse zu untersuchen, wurden die Formeinsätze daher einzeln mit Hilfe eines Laboraufbaus untersucht (siehe Abbildung 6.1). Hierbei wurden die Einsätze vor der Kamera positioniert und der Anschluss eines Wasserkreislaufes an das Temperiersystem des jeweiligen Einsatzes wurde ermöglicht. Um einen hohen und gleichmäßigen Emissionsgrad der Werkzeugoberfläche zu ermöglichen und Reflexionen zu vermeiden, wurde die Oberfläche mit pulverförmiger Sprühfarbe versehen. Vor Beginn der Messungen wurde der auf der Vorrichtung befestigte Werkzeugeinsatz in einem Ofen auf eine einheitliche Temperatur erhitzt. Nach Entnahme aus dem Ofen wurde der Temperiermitteldurchfluss mit einer einheitlichen Pumpeneinstellung von 3 Liter/min und einer Druckbegrenzung von 3 bar eingestellt, um den Werkzeugeinsatz herunterzukühlen. Das Kühlmedium wurde hierbei nicht in einem Kreislauf geführt, sondern aus einem Reservoir bezogen und nicht zurückgeführt, so dass eine einheitliche Vorlauftemperatur von gemessenen 20,7 °C über alle Versuchsreihen sichergestellt werden konnte. Der zeitliche Verlauf des erzeugten Abkühlprozesses des Formeinsatzes wurde mit der Thermographiekamera aufgenommen.

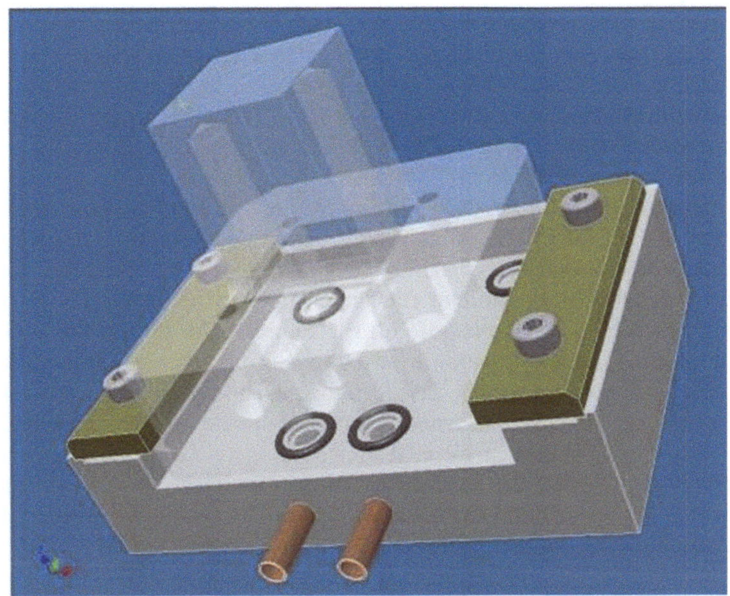

Abbildung 6.4: Einspannvorrichtung für die Fixierung der Werkzeug-Formeinsätze

Für die Thermographieuntersuchungen wurde die Kamera VarioTHERM des Herstellers InfraTec verwendet. Diese kann Wärmestrahlung messen und die Daten als Filmsequenz, Einzelbild oder als Rohdaten im ASCII-Format ausgeben. Durch eine feste Taktung kann ein zeitlicher Bezug jedes einzelnen der 25 pro Sekunde aufgenommenen Messbilder erzeugt werden und es lassen sich für jeden Punkt des Bildes Temperaturwerte ausgeben.

6.2.3 Ergebnisse der thermographischen Untersuchungen

Mit der thermographischen Analyse sollen sowohl die Geschwindigkeit als auch die Homogenität des Abkühlprozesses der Werkzeugeinsätze untersucht werden, die sich jeweils nur durch die Geometrie ihres internen Temperiersystems unterscheiden. Die erstellten Aufnahmen der Thermographiekamera zeigen dabei deutlich, dass das interne Temperiersystem große Einflüsse auf beide benannten Aspekte ausübt.

Qualitative Analyse der Messergebnisse

Zur Einordnung der Ergebnisse soll zunächst eine qualitative Analyse der Bilder im Zeitverlauf erfolgen. Abbildung 6.5 zeigt, dass der rechte Oberflächenbereich des konventionell gefertigten Werkzeugeinsatzes im fortgeschrittenen Abkühlprozess eine Temperatur von ca. 120 °C aufweist, während die linke Seite gleichzeitig bereits eine Temperatur von ca. 50 °C erreicht hat. Die Ursache für die große Differenz besteht darin, dass in dem quadratischen Formkern die zwei Temperierstifte nur zwei diagonal gegenüberliegende Ecken des Formeinsatzes stark kühlen, während die beiden anderen diagonal gegenüberliegenden Ecken durch den höheren Abstand zu den Temperierstiften eine geringere Temperierung erfahren.

Die Thermographiebilder des mit der konturnahen Kanaltemperierung versehenen Werkzeugeinsatzes (Abbildung 6.6) zeigen, dass die Seitenflächen dieses Werkzeugeinsatzes im Vergleich zum konventionell gefertigten Werkzeugeinsatz sehr viel gleichmäßiger gekühlt werden. Das bedeutet, dass auch das zu fertigende Bauteil im Spritzgussprozess eine gleichmäßigere Temperierung erfährt. Jedoch zeigt sich im unteren Bereich der Formgeometrie eine geringere Kühlwirkung, so dass dieser Bereich ca. 60 K wärmer ist als die restliche Seitenfläche. Die Ursache liegt darin, dass die konturnahen Kanäle aller vier Seiten dort mit einem größeren ringförmigen Ablauf zusammengeführt werden, der eine geringere Temperierwirkung erzielt. Diese Positionierung des Rings im Sockel der formgebenden Geometrie ist durch die Erstellung des Formkerns mit dem in der Industrie verbreiteten Hybridaufbau entstanden (siehe Kapitel 6.1.3.). Hierbei wird der Sockel des Formkerns konventionell gefräst, während die formgebende Geometrie mit der konturnahen Temperiergeometrie anschließend additiv auf dem Sockel aufgebaut wird. Es zeigt sich somit deutlich, dass fertigungstechnisch bedingte Abweichungen von idealen Temperiergeometrien relevante Einflüsse auf die Temperiereigenschaften haben können. Lösungsmöglichkeiten für eine gleichmäßigere Temperierung beständen darin, den Ablauf in den Sockel des Formkerns zu positionieren, so dass sämtliche mit dem Bauteil in Kontakt stehenden Oberflächen gleichmäßig temperiert werden. Dies ist fertigungstechnisch jedoch aufwändiger.

Die dritte untersuchte Temperiergeometrie, die Hohlraumtemperierung (Abbildung 6.7), zeigt ebenfalls eine flächige Wirkung, jedoch ist hier der obere Bereich der Geometrie geringer gekühlt als die Seitenfläche. Die Ursachen sind in der Wandstärke der Oberseite des Werkzeugs und dem Strömungsprofil zu suchen. Die Wandstärke der Oberseite ist im Vergleich zu den Seitenwänden verstärkt ausgeführt, weil sie gegenüber dem Anspritzpunkt liegt und den höchsten Kräften zu widerstehen hat. Hierdurch kommt es zu einem Unterschied der Oberflächentemperatur zwischen den verschiedenen Oberflächenbereichen.

Abbildung 6.5: Abkühlverhalten des mit Kühlmittel durchströmten Werkzeugeinsatzes mit konventionell spanend gefertigtem Temperiersystem im Zeitverlauf

Abbildung 6.6: Abkühlverhalten des mit Kühlmittel durchströmten Werkzeugeinsatzes mit konturnaher Kanaltemperierung im Zeitverlauf

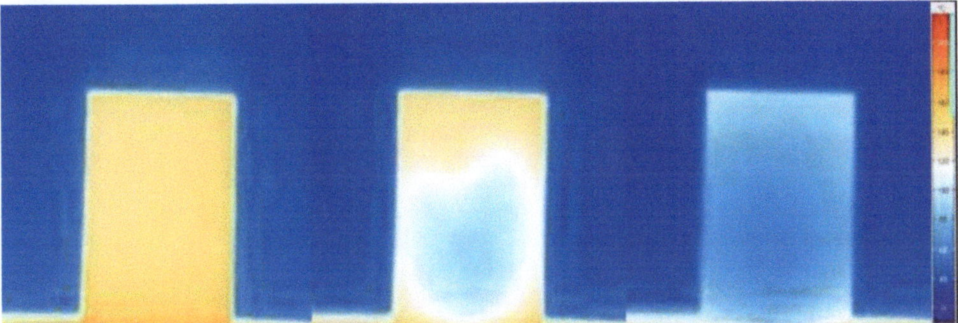

Abbildung 6.7: Abkühlverhalten des mit Kühlmittel durchströmten Werkzeugeinsatzes mit Hohlraumtemperierung im Zeitverlauf

Quantitative Analyse der Messergebnisse

Für das Ziel einer Quantifizierung der Unterschiede der Eigenschaften der drei Temperiergeometrien werden im Folgenden mittels neun definierter virtueller Messbereiche die Oberflächentemperaturen zueinander in Bezug gesetzt (Abbildung 6.8). Die Temperaturwerte stellen dabei einen Mittelwert im jeweiligen Bereich dar. Die Auswertung von nur punktförmigen Messungen würde durch ein zu starkes Messrauschen beeinträchtigt werden. Durch die neun definierten Bereiche und deren Kombinationen lassen sich insbesondere diagonal, senkrecht oder waagerecht Temperaturunterschiede auf der Oberfläche ermitteln und hierdurch die Einflüsse der Temperiergeometrien miteinander vergleichen.

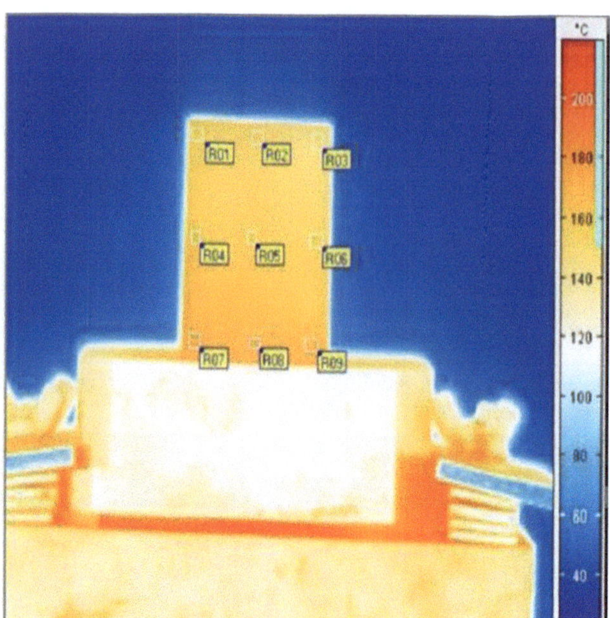

Abbildung 6.8: Verteilung von virtuellen Temperaturmessbereichen R01 bis R09 auf den Thermographiedaten des Werkzeugeinsatzes

Eigenschaften der konventionell gefertigten Temperierung

Ein wesentlicher Aspekt der konventionellen Temperierung wird in Abbildung 6.5 und 6.9 ersichtlich. Entsprechend der Asymmetrie der im Formkern integrierten vom Kühlmittel durchflossenen Temperierstifte ergibt sich auch eine asymmetrische Temperaturverteilung auf der Oberfläche. Der im Bild linke Bereich der Oberfläche (Messpunkte R01, R04 und R07) zeigt einen hohen Kühleffekt und die Temperatur fällt schnell ab. Die Messpunkte R03, R06 und R09 des rechten Bereiches haben einen im Vergleich deutlich flacheren Verlauf. Zunächst ist in Abbildung 6.9 im Zeitverlauf ein fast waagerechter Verlauf für wenige Sekunden zu beobachten, bevor ein Übergang in eine Sinkphase beginnt, deren Verlauf jedoch weniger steil als bei den Punkten der linken Seite ist. Die Messwerte der räumlich dazwischenliegenden mittleren Punkte (Messpunkte R02, R05 und R08) liegen erwartungsgemäß jeweils zwischen den Temperaturen der jeweils links und rechts befindlichen Bereiche.

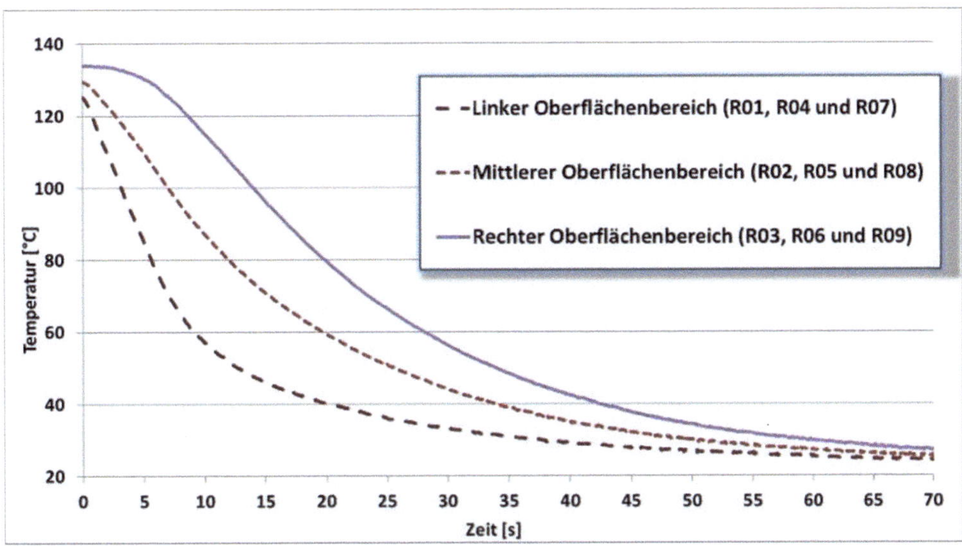

Abbildung 6.9: Temperaturverlauf der drei Oberflächenbereiche links, in der Mitte und rechts in horizontaler Richtung (Formeinsatz konventionelle Temperierung)

Eigenschaften der konturnahen Kanaltemperierung

Die Temperaturmessungen der additiv gefertigten, konturnahen Kanaltemperierung zeigen im Gegensatz zur konventionellen Temperierung ein gänzlich anderes Verhalten. Im Vergleich zur konventionell gefertigten Temperierung zeigen sich hier Temperaturunterschiede in der vertikalen Achse. Die Temperaturen der Messpunkte R01 bis R06, welche die obere und mittlere Ebene der formgebenden Geometrie darstellen, fallen gleichmäßig stark ab, während die Messpunkte R07 bis R09, welche den unteren Teil der formgebenden Geometrie abbilden, wesentlich schwächer abfallen. Während der gesamten Messzeit von 70 Sekunden bleibt dieser untere Bereich mit einer Differenz von ca. 40 bis 60 °C oberhalb der Temperaturen der Messpunkte R01 bis R06. Die Ursache liegt darin, dass die konturnahen Temperierkanäle aufgrund von Fertigungsrestriktionen mit einem Sammelkanal im unteren Bereich zusammengeführt werden (siehe auch Kapitel 6.1.3) und auch durch den Sockel weiter Wärme in den oberen Messbereich strömt. Es zeigt sich damit, dass lokale Unterschiede der Temperiergeometrie auch bei additiver Fertigung große Auswirkungen auf die Temperaturentwicklung haben können.

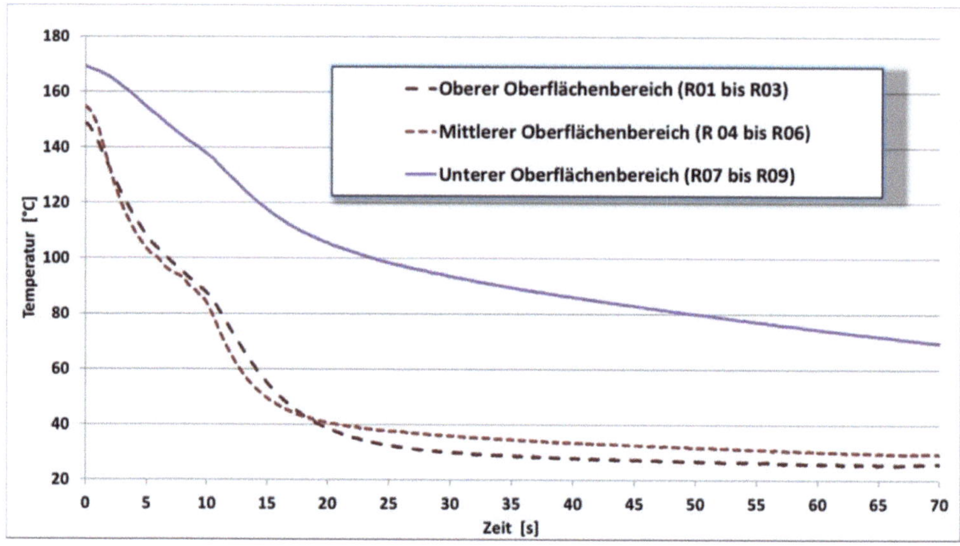

Abbildung 6.10: Temperaturverlauf der drei Oberflächenbereiche oben, in der Mitte, unten in vertikaler Richtung (Formeinsatz konturnahe Kanaltemperierung)

Eigenschaften der Hohlraumtemperierung

Die Messergebnisse der Hohlraumtemperierung zeigen wiederum ein Verhalten, welches stark von den beiden vorher untersuchten Temperiergeometrien abweicht. Zu Beginn des Kühlvorganges weisen die Messpunkte R04 bis R06, die den vertikal gesehen mittleren Bereich der formgebenden Geometrie bezeichnen, das stärkste Abfallen der Temperatur, also einen starken Kühleffekt auf. Gleichfalls weisen die Messpunkte R01 bis R03, die den oberen Bereich der Geometrie abdecken, zunächst kaum ein Absinken auf, nach 5 Sekunden zeigt sich auch hier ein Kühleffekt mit Absinken der Temperatur, die eine den anderen Punkten vergleichbare Steigung aufweist. Die Ursache dürfte darin liegen, dass die bei dieser Konstruktion erhöhte Wandstärke gegenüber dem Einspritzpunkt das Abführen einer höheren Wärmemenge notwendig macht.

Die Messpunkte des unteren Bereiches (Messpunkte R07, R08 und R09) weisen zunächst entsprechend der mittleren Eben ein starkes Absinken auf. Dieser Abkühleffekt verlangsamt sich jedoch nach ca. 10 Sekunden deutlich und die Temperatur liegt dann oberhalb der Temperaturen des mittleren Bereiches. Eine Ursache dürfte darin zu sehen sein, dass dieser Bereich weiter durch Wärmeleitung Wärmeenergie aus dem Sockel des Formeinsatzes aufnimmt und ggf. schlecht durchflossene Totwassergebiete bestehen könnten.

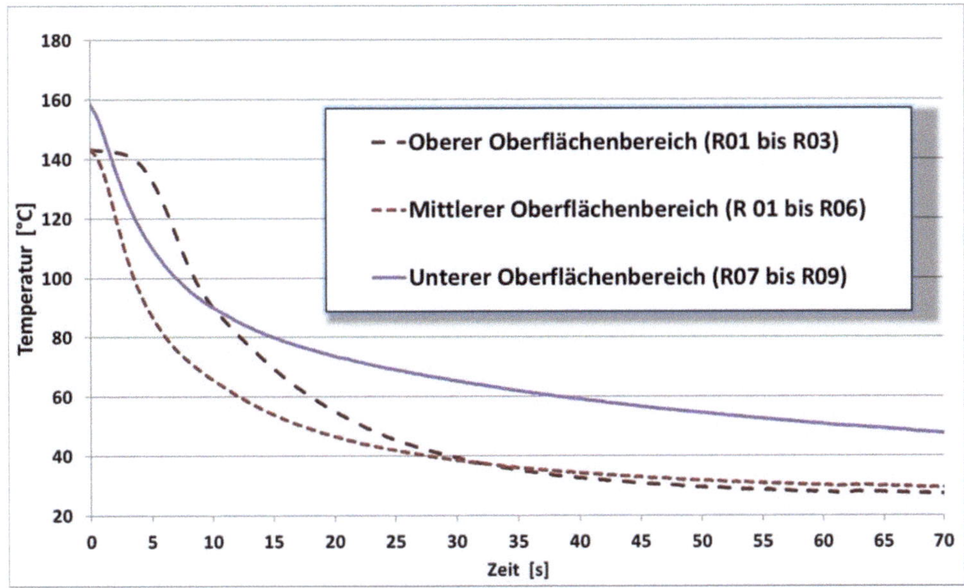

Abbildung 6.11: Temperaturverlauf der drei Oberflächenbereiche in vertikaler Richtung (Formeinsatz Hohlraumtemperierung)

Vergleich der Temperiergeschwindigkeit der verschiedenen Geometrien

Eine wesentliche Zielsetzung der Auslegung der Temperiergeometrien liegt in einer hohen Temperiergeschwindigkeit. Abbildung 6.12 zeigt die durchschnittlichen Temperaturveränderungen aller neun Messbereiche der drei Geometrien in °C/s an. Um das Rauschen zu kompensieren, wurden die Werte als gleitender Durchschnitt aus jeweils fünf im Zeitverlauf aufeinanderfolgenden Durchschnittswerten gebildet. Auffällig ist hierbei, dass die konventionelle Temperierung mit einem Maximalwert von 6,43 °C/s eine deutlich niedrigere Geschwindigkeit als die konturnahe Kanaltemperierung und die Hohlraumtemperierung erreicht, die je einen Spitzenwert von jeweils deutlich über 10 °C/s erzielen. Die Hohlraumtemperierung erreicht einen etwas geringeren Maximalwert als die konturnahe Kanaltemperierung, der Spitzenwert fällt jedoch langsamer ab.

Auffällig ist bei der konturnahen Kanaltemperierung zudem, dass nach ca. 10 Sekunden ein erneuter Anstieg der Temperiergeschwindigkeit zu verzeichnen ist, der nach Abbildung 6.10 vor allem im oberen und mittleren Bereich auftritt. Eine Ursache hierfür könnte darin liegen, dass es durch die hohe über der Verdampfungstemperatur von Wasser liegende Temperatur des Formeinsatzes, zum Messbeginn aufgrund der geringen Kanaldurchmesser zu starker Dampfbildung kommt, die einen erhöhten Druckverlust und einen verminderten Durchfluss an Temperiermittel zur Folge hat. Im realen Spritzgussprozess liegen die Einspritztemperaturen der Formmasse zwar in einem ähnlichen Temperaturbereich. Solch eine hohe Temperatur wird jedoch im Innern des Werkzeugs bzw. Formeinsatzes und an den Wänden des Temperiersystems in der Regel nicht vorliegen. Die hohe Temperatur der Schmelze des Bauteils wirkt jeweils nur kurzzeitig zu Beginn des Spritzgussprozesses auf das Werkzeug ein und das Bauteil weist durch die im Vergleich zum Werkzeug geringe Masse auch nur eine geringe Wärmekapazität auf.

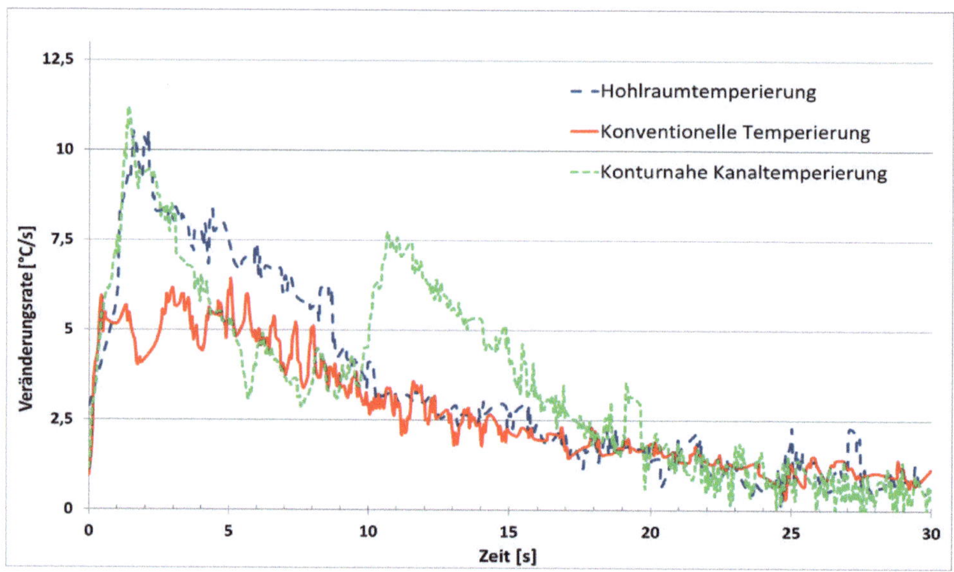

Abbildung 6.12: Mittlere Oberflächen-Temperaturveränderungsrate der drei verschiedenen Temperiergeometrien im Zeitverlauf

Vergleich der Gleichmäßigkeit der Temperierung

Neben der Geschwindigkeit der Temperierung ist für die Erzeugung hoher Bauteilqualitäten auch eine gleichmäßige Temperierung des Werkzeugs notwendig. In Abbildung 6.13 sind die maximalen Differenzen zwischen den jeweils neun Temperatur-Messbereichen der Oberflächen in Abhängigkeit von der Zeit dargestellt. Hierbei erreicht die konturnahe Kanaltemperierung den höchsten Wert von 80,31 °C, was wiederum das Risiko für Bauteilverzug erzeugt. Die Ursache liegt hierbei darin, dass nicht die gesamte Fläche einheitlich mit den mäanderförmigen Kanälen temperiert ist, sondern im unteren Bereich ein Kanal die vier einzelnen Kanäle der vier Seitenflächen zusammenführt. Die konventionell gefertigte Temperierung erreicht ebenfalls einen hohen Wert mit einer Temperaturdifferenz von 72,48 °C. Diese entsteht dadurch, dass im linken Teil ein Temperierstift eine vergleichsweise starke Temperierwirkung erzeugt, während der rechte Teil nicht direkt gekühlt wird, sondern vor allem durch die zwei Temperierstifte der jeweils benachbarten Ecken des Formeinsatzes mittels Wärmeleitung temperiert wird. Die Hohlraumtemperierung erreicht mit 57,29 °C die niedrigste maximale Temperaturdifferenz, die zudem schnell absinkt. Die Ursache der verbleibenden Temperierdifferenz liegt darin, dass die Oberseite des Einsatzes im Vergleich zu den Seitenflächen eine erhöhte Wandstärke besitzt. Hier eröffnet sich die Möglichkeit, durch eine angepasste Auslegung den vom Temperiermittel durchflossenen Hohlraum zu vergrößern und auf diesem Wege eine geringere Temperaturdifferenz zu erzeugen.

Weiterhin zeigen die Abbildungen 6.5 bis 6.7 aber, dass nicht nur die absoluten Temperaturdifferenzen, sondern auch deren symmetrischen bzw. asymmetrischen Verteilungen relevant sind. Zusätzlich veranschaulicht Abbildung 6.12, dass die Temperiergeschwindigkeit bei der konventionell gefertigten Temperierung langsamer verläuft und dann durch Wärmeausgleich im Zeitverlauf auch geringere Differenzen auf der Oberfläche erzeugt werden.

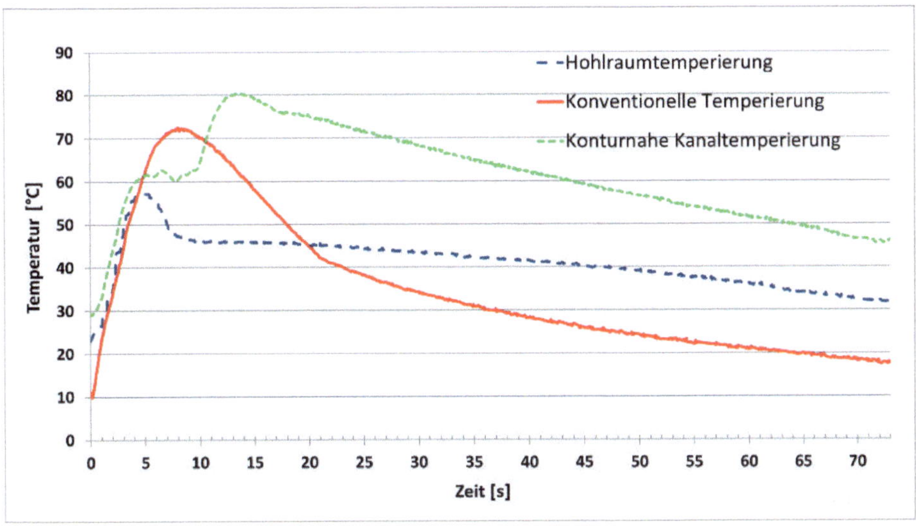

Abbildung 6.13: Verlauf der maximalen Temperaturdifferenz zwischen den jeweils neun Temperaturmesspunkten auf der Oberfläche der drei verschiedenen Temperiergeometrien

Tabelle 6.1: Maximale Temperiergeschwindigkeit und Temperaturdifferenz auf der Oberfläche

	Konventionelle Temperierung	Konturnahe Kanaltemperierung	Hohlraumtemperierung
Maximale Temperiergeschwindigkeit	6,43 °C/s	11,16 °C/s	10,50 °C/s
Maximale Temperaturdifferenz auf der Oberfläche	72,48 °C	80,31 °C	57,29 °C

Erkenntnisse aus der Analyse der Thermographie-Messdaten

Die qualitative und die quantitative Analyse aller drei Temperiergeometrien zeigt, dass die internen Temperiergeometrien sehr deutliche Auswirkungen auf die Oberflächentemperaturen haben. Selbst Details des Aufbaus und die konstruktiv bedingten Kompromisse zeigen sich deutlich im Temperaturprofil. Bei der konventionellen Temperierung betrifft dies die asymmetrische Anordnung der Temperierstifte, bei der konturnahen Kanaltemperierung zeigt sich der Unterschied der Temperierwirkung zwischen den mäanderförmigen Kanälen und dem Verbindungskanal, der die Kanäle der vier Seiten im unteren Bereich zusammenführt. Bei der Hohlraumtemperierung ist wiederum erkennbar, dass die erhöhte Materialstärke der Oberseite des Formeinsatzes, die der Einspritzdüse gegenüberliegt, eine verlangsamte Temperierung aufweist.

Die Messdaten dieser drei Formeinsätze zeigen somit deutlich, dass sich durch die Geometrie der internen Temperierung Effekte sowohl in Bezug auf die Geschwindigkeit als auch in Bezug auf die Gleichmäßigkeit der Temperierung erzielen lassen und auch Konstruktionsdetails sich eindeutig in Temperaturdifferenzen zeigen können.

6.3 Auswirkungen der internen Temperiergeometrie des Formeinsatzes auf die Maßhaltigkeit der Spritzgussbauteile

Nachdem die Geschwindigkeit und Gleichmäßigkeit der Temperiersysteme der Formeinsätze mittels Thermographie im Labor untersucht worden waren, wurde in einem zweiten Schritt der Einfluss der Temperiergeometrie und der zugehörigen Prozessparameter auf den Spritzgussprozess und die gefertigten Spritzgussbauteile analysiert. Hierbei wurden die Werkzeug-Formeinsätze mit den unterschiedlichen Temperiersystemen eingesetzt und die Prozessparameter Kühlzeit und Werkzeugtemperatur variiert. Letztere konnte für die Auswerfer- und die Düsenseite des Werkzeugs getrennt gesteuert werden. Im Prozess konnten mittels Sensorik die auf die vier Auswerferstifte wirkenden Auswerferkräfte sowie mittels Abstandsmessung zeitlich simultan der Öffnungsweg des Werkzeugs bestimmt werden. Die verwendete Kunststoffsorte war ein Polypropylen des Herstellers SABIC (PP PHC27), d.h. ein teilkristalliner Thermoplast.

Für die Temperierung wurden fünf verschiedene Konfigurationen gewählt. Bei drei Versuchsreihen bestand eine einheitliche Werkzeugtemperatur der Auswerfer- und Düsenseite von 15 °C, 30 °C und 45 °C. Bei zwei weiteren Kombinationen wurden die Auswerferseite und die Düsenseite unterschiedlich temperiert. Jeweils eine Werkzeugseite wurde mit 15 °C, die andere mit 45 °C Werkzeugtemperatur betrieben. Bei allen Betrachtungen der Temperaturen wird als Vereinfachung die messbare und regelbare Vorlauftemperatur des Temperiermittels mit der Werkzeugtemperatur gleichgesetzt. Diese Vereinfachung ist in der Praxis üblich, auch wenn die reale Werkzeugtemperatur eine lokal aufgelöste Temperaturverteilung darstellt und lokal mit unterschiedlichen Differenzen von der Vorlauftemperatur abweichen kann. Hinzu kommt auch der Umstand, dass die Temperaturverteilung insbesondere auch zyklisch durch den Einfluss der Formmasse schwankt und dies insbesondere im geschlossenen Werkzeugzustand nur punktuell, aber nicht flächig gemessen werden könnte. Innerhalb jedes der benannten Temperaturprofile wurden Spritzgussversuche mit den Kühlzeiten 5 s, 15 s und 45 s durchgeführt.

Die Geometrie eines Spritzgussartikels wird durch die Geometrie und Maße des Spritzgusswerkzeugs wesentlich bestimmt. Jedoch sind die Maße der Bauteile in spezifischen Grenzen überlagernd auch durch die Parameter des Abkühlprozesses beeinflusst. Um insbesondere den Einfluss der Temperiergeometrie des Werkzeugs beziehungsweise des Temperierprozesses zu quantifizieren, wurden die mit den drei verschieden temperierten Werkzeugeinsätzen gefertigten Spritzgussartikel vermessen und diese Messwerte in Abhängigkeit von den Prozessparametern analysiert.

6.3.1 Vermessung der gefertigten Spritzgussbauteile

Bei den gefertigten Spritzgussbauteilen wurden mit einem Koordinatenmessgerät die Innenmaße bestimmt. Abbildung 6.14 zeigt die Bezeichnungen der einzelnen Messpunkte, mit denen entweder der Abstand der Seitenmitten oder in der Diagonale der Abstand der gegenüberliegenden Ecken bestimmt wurde. Der Durchbruch, welcher beim Entformen einen Unterdruck verhindern soll, befindet sich in der Ecke, in der sich der Messpunkt 6 befindet, so dass jeweils eine genaue Zuordnung des Formteils zur Ausrichtung während seiner Entstehung im Werkzeug möglich war.

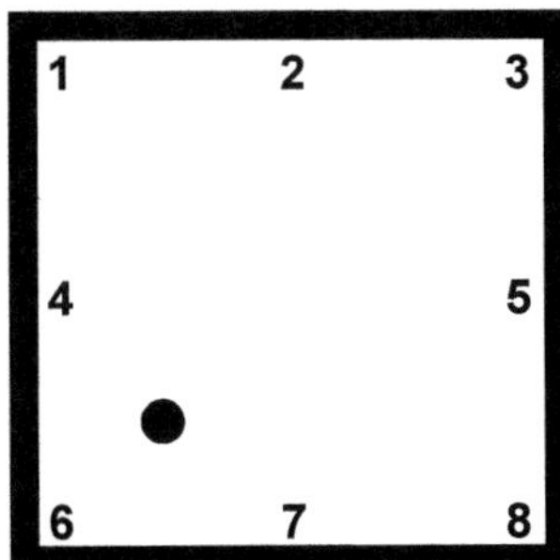

Abbildung 6.14: Messpunkte am Spritzgussbauteil

Um den Einfluss des Temperierprozesses zu analysieren, wurden vier Strecken mit Hilfe eines Koordinatenmessgerätes vermessen. Die Vermessung der Strecken zwischen den Punkten 4 und 5 sowie 2 und 7 ergibt die Abstände der Mittelpunkte der jeweils gegenüberliegenden Seiten. Hierbei lässt sich die Beeinflussung der Temperierung auf die Winkel der Formteilecken bestimmen. Beispielsweise werden in dem Fall, dass die Eckenwinkel alle kleiner 90° sind, die vier Seiten eingezogen sein, so dass die Abstände zwischen den jeweils gegenüberliegenden Seitenmitten verkürzt sind. Die unterschiedlichen Eckenwinkel können durch unterschiedliches Erstarrungs- und Schwindungsverhalten der Formteilecken entstehen (siehe 6.3.2 und 6.3.3).

Die Diagonalen, die sich aus den Abständen der Punkte 1 und 8 sowie 3 und 6 ergeben, ermöglichen hingegen Rückschlüsse auf die Symmetrie der erstellten Spritzgussbauteile. Eine asymmetrische Kühlung, wie sie bei dem herkömmlich gekühlten Formeinsatz zu erwarten ist, kann zu einer unterschiedlichen Ausprägung bzw. Erstarrung der Eckenwinkel führen, was wiederum messbare Differenzen der beiden Bauteildiagonalen zur Folge haben kann (siehe 6.3.4).

6.3.2 Analyse des Einflusses der Prozessparameter auf die Maße der Spritzgussbauteile

Die Vermessung der gefertigten Bauteile zeigt deutliche Zusammenhänge zwischen den Innenmaßen und den gewählten Prozessparametern sowie auch den Temperiergeometrien der Werkzeugeinsätze, mit denen sie gefertigt wurden.

Einfluss der Kühlzeit auf die Innenmaße der gefertigten Spritzgussbauteile

Für die Untersuchung des Einflusses der Kühlzeit vor der Entformung auf die Maße zeigt Tabelle 6.2 die Durchschnittswerte aus allen Versuchsreihen für die Kühlzeiten 5 s, 15 s und 45 s. Für die Berechnung der Werte wurden die Versuchsreihen mit den drei Temperiergeometrien und den jeweils drei verschiedenen Werkzeugtemperaturen (Vorlauftemperaturen des Kühlwassers) gemittelt. Anschließend wurden die Maßveränderungen mit der Verlängerung der Kühlzeit in Bezug gesetzt.

Tabelle 6.2: Durchschnittliche Innenmaße der mit den drei Temperiergeometrien gefertigten Bauteile in Abhängigkeit von der Kühlzeit

Kühlzeit	5 s	15 s	45 s
Durchschnittliches Innenmaß	30,509 mm	30,703 mm	30,751 mm
Maßveränderung pro Zeiteinheit zwischen 5 s und 15 s Kühlzeit	19,4 µm/s		
Maßveränderung pro Zeiteinheit zwischen 15 s und 45 s Kühlzeit		1,6 µm/s	

Wie auch in den Abbildungen 6.15 und 6.16 erkennbar, zeigt sich insbesondere bei niedrigen Kühlzeiten ein deutlicher Einfluss der Kühlzeit auf das Innenmaß der Bauteile. Zwischen den Kühlzeiten 5 s und 15 s vergrößert sich das Innenmaß im Durchschnitt um 19,4 µm pro Erhöhung der Kühlzeit um eine Sekunde. Im Intervall zwischen 15 s und 45 s sinkt dieser Unterschied hingegen auf nur noch 1,6 µm pro Sekunde, weil der Erstarrungsprozess oberhalb von 15 s bereits weit fortgeschritten ist und die Veränderungen somit geringer werden. Es zeigt sich deutlich der Effekt der freien Schwindung, bei der eine frühe Entformung dazu führt, dass das Bauteil außerhalb des Werkzeuges schwindet und geringere Endmaße entstehen. Dieser Effekt ist wiederum abhängig vom zuvor durchlaufenen Prozessverlauf.

Einfluss der Werkzeugtemperatur auf die Maße der gefertigten Spritzgussbauteile

Eine erhöhte Werkzeugtemperatur kann bei konstanter Kühlzeit dazu führen, dass der Erstarrungsvorgang zum Zeitpunkt der Entformung weniger vorangeschritten ist und ebenfalls ein erhöhter Anteil freier Schwindung außerhalb des Werkzeuges zu einer Verkleinerung von Bauteilmaßen führen kann. Im Vergleich zur Veränderung der oben betrachteten Kühlzeit ergeben sich aus den Messwerten für die Veränderung der Temperaturen des Kühlmediums geringere Veränderungen in den betrachteten Intervallen. Zur Analyse wurden die Werte aller drei Temperiergeometrien und jeweils aller drei Kühlzeiten 5 s, 15 s und 45 s aggregiert. Die rechnerischen Unterschiede belaufen sich auf 1 µm/°C und 2,4 µm/°C für die Temperaturbereiche zwischen 15 °C und 30 °C bzw. 30 °C und 45 °C.

Tabelle 6.3: Innenmaße der gefertigten Bauteile in Abhängigkeit von der Werkzeugtemperatur

Werkzeugtemperatur	15 °C	30 °C	45 °C
Durchschnittliches Innenmaß	30,672 mm	30,656 mm	30,620 mm
Maßveränderung pro Temperaturveränderung zwischen 5 °C und 15 °C	−1,0 µm / °C		
Maßveränderung pro Temperaturveränderung zwischen 15 °C und 45 °C		−2,4 µm / °C	

Einfluss der Temperierung auf die Maße der gefertigten Spritzgussbauteile bei unterschiedlichen Temperaturen der beiden Werkzeugseiten

Der Einfluss der Temperierung ist für die beiden Werkzeugseiten unterschiedlich ausgeprägt. Gemäß den theoretischen Vorüberlegungen (siehe Kapitel 4.2) erzeugt eine uneinheitliche Temperierung der Außen- und Innenseite eines Spritzgussbauteils eine Verschiebung des Erstarrungs- und Schrumpfvorganges innerhalb des Bauteilquerschnittes. Wird das Spritzgussbauteil außen weniger gekühlt als innen, so erstarren die außen liegenden Bereiche der Seiten und Formteilecken später als die innen liegenden Bereiche. Nach der Entformung könnte die Erstarrung der außen liegenden Eckenbereiche dazu führen, dass die Eckenwinkel größere Werte, d.h. ggf. größer als 90°, erreichen. Das Bauteil erhält dadurch in der Tendenz größere Mittenabstände der Seitenflächen. Dieses ist deutlich in Abbildung 6.15 und 6.16 zu erkennen. Die stärkere Kühlung der innen liegenden Auswerferseite (AS) gegenüber der Düsenseite (DS) sorgt in der Abbildung 6.15 für größere Innenmaße der Bauteile sowohl bei kurzen als auch bei langen Kühlzeiten. Den gleichen Effekt, logischerweise in entgegengesetzter Richtung, zeigt Abbildung 6.16, wo durch die stärkere Kühlung der Düsenseite die Mittenabstände geringer ausfallen als bei einer einheitlichen Kühlung.

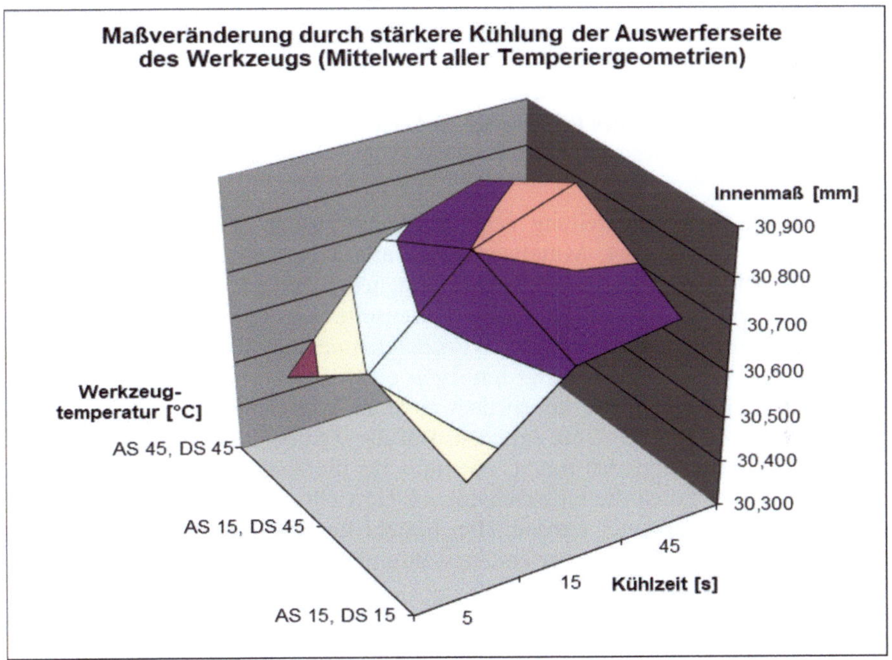

Abbildung 6.15: Darstellung des Effektes der stärkeren Kühlung der Auswerferseite (AS) des Werkzeugs im Vergleich zur gleichmäßigen Kühlung mit 15 °C bzw. 45 °C (Innenmaße)

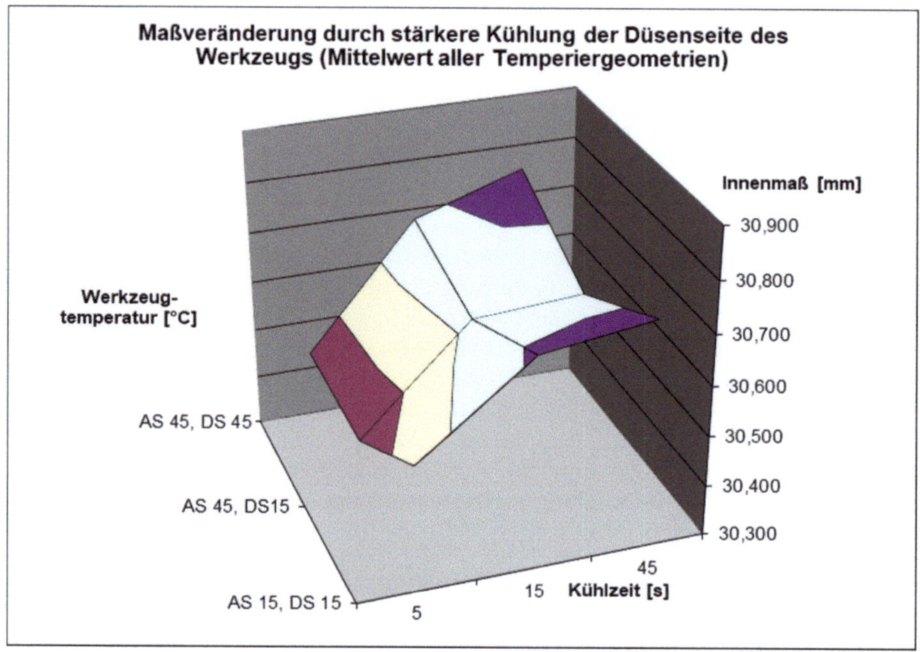

Abbildung 6.16: Darstellung des Effektes der stärkeren Kühlung der Düsenseite (DS) des Werkzeugs im Vergleich zur gleichmäßigen Kühlung mit 15 °C bzw. 45 °C (Innenmaße)

Auch die tabellarische Darstellung zeigt die Unterschiede des Einflusses der beiden Werkzeugseiten (Tabelle 6.4, Mittelwerte über alle 3 Temperiergeometrien). Bei einer Temperaturveränderung der Auswerferseite bestehen größere Effekte als bei der Düsenseite. Die Senkung der Temperatur auf der Düsenseite zeigt hier einen Effekt von −2 μm Maßveränderung pro Veränderung der Werkzeugtemperatur von 1 °C. Die Senkung der Temperatur der Auswerferseite zeigt hingegen einen Effekt von 4,8 μm/°C als Mittelwert aller drei Kühlzeiten, der neben dem anderen Vorzeichen vom Betrag her einen mehr als doppelt so großen Wert aufweist. Bei der Temperaturerhöhung ist der Effekt mit −3,7 μm/°C gegenüber 3,0 μm/°C ebenfalls für die Auswerferseite vom Betrag her höher. Noch stärker fallen die Unterschiede ins Gewicht, wenn die Werte nur für kurze Kühlzeiten von 5 s betrachtet werden. Hier besteht für eine Temperatursenkung ein Effekt von 5,8 μm/°C für die Auswerferseite während der Effekt bei der Düsenseite lediglich −0,4 μm/°C beträgt.

Tabelle 6.4: Effekt der Temperatursenkung einer Werkzeughälfte auf Innenmaße der gefertigten Bauteile

Werkzeug-temperatur Auswerferseite	Werkzeug-temperatur Düsenseite	Kühlzeit			Mittelwert aller 3 Kühlzei-ten
		5 s	15 s	45 s	
15 °C	15 °C	30,551 mm	30,719 mm	30,747 mm	30,672 mm
45 °C	45 °C	30,431 mm	30,679 mm	30,750 mm	30,620 mm
45 °C	15 °C	30,418 mm	30,625 mm	30,639 mm	30,561 mm
15 °C	45 °C	30,605 mm	30,802 mm	30,880 mm	30,762 mm
Effekt einer Senkung der Werkzeugtemperatur einer Werkzeughälfte von 45 °C auf 15 °C					
Einfluss Temperatursenkung Auswerferseite absolut		174 µm	123 µm	130 µm	142 µm
Einfluss Temperatursenkung Auswerferseite		5,8 µm/°C	4,1 µm/°C	4,3 µm/°C	4,8 µm/°C
Einfluss Temperatursenkung Düsenseite absolut		-13 µm	-54 µm	-111 µm	-59 µm
Einfluss Temperatursenkung Düsenseite		-0,4 µm/°C	-1,8 µm/°C	-3,7 µm/°C	-2,0 µm/°C
Effekt einer Erhöhung der Werkzeugtemperatur einer Werkzeughälfte von 15 °C auf 45 °C					
Einfluss Temperaturerhöhung Auswerferseite absolut		-133 µm	-94 µm	-108 µm	-111 µm
Einfluss Temperaturerhöhung Auswerferseite		-4,4 µm/°C	-3,1 µm/°C	-3,6 µm/°C	-3,7 µm/°C
Einfluss Temperaturerhöhung Düsenseite absolut		54 µm	83 µm	133 µm	90 µm
Einfluss Temperaturerhöhung Düsenseite		1,8 µm/°C	2,8 µm/°C	4,4 µm/°C	3,0 µm/°C

Die Ergebnisse unterstützen die theoretischen Analysen aus Kapitel 4.2, dass der innen liegende Werkzeugkern (hier die Auswerferseite) aufgrund des Aufschrumpfens und daraus folgenden direkteren Kontaktes in vielen Fällen einen höheren Einfluss auf die Temperierung des Bauteils und einen höheren Wärmeübergangskoeffizient hat. Dieser messbar hohe Effekt der Auswerferseite zeigt sich insbesondere bei geringen Kühlzeiten. Somit ist auch der Effekt des Einsatzes eines präzisen und leistungsfähigen Temperiersystems im Werkzeugkern insbesondere bei der Zielsetzung des Erreichens einer kurzen Zykluszeit oder dem präzisen Erreichen von Bauteilmaßen relevant.

6.3.3   Untersuchung des Einflusses der Temperiergeometrie auf die Maße der Spritzgussbauteile

Nach der Analyse der Einflüsse der Prozessparameter der Temperierung auf die Innenmaße der gefertigten Spritzgussbauteile sollen nun die Auswirkungen der Eigenschaften des internen Temperiersystems (Formkern / Auswerferseite) auf den Abkühlprozess und die entstehenden Maße der gefertigten Bauteile untersucht werden. Mit jeder der drei oben benannten Temperiergeometrien wurden Versuchsreihen mit den jeweils gleichen Parametersätzen durchgeführt, bei denen alle 9 möglichen Kombinationen aus drei Kühlzeiten und drei Werkzeugtemperaturen für die Fertigung der Spritzgussbauteile genutzt wurden. Tabelle 6.5 zeigt die Bauteilmaße in Abhängigkeit der Temperiergeometrie und Kühlzeit. Die Werte wurden hierbei als Mittelwert über alle drei Werkzeugtemperaturen 15 °C, 30 °C und 45 °C.

Die Analyse der Daten (Abbildungen 6.17 bis 6.19 und Tabelle 6.5) zeigt, dass die Maße der Bauteile und auch die Veränderungsrate der Maße in Abhängigkeit von der Temperierzeit und der Werkzeugtemperatur auch von der Temperiergeometrie beeinflusst sind. Bei einer Erhöhung der Kühlzeit von 5 s auf 15 s zeigen alle drei Temperiergeometrien eine starke Vergrößerung der Bauteilmaße, mit einem Mittelwert der Maßveränderung zwischen 16,36 µm/s und 23,83 µm/s. Bei dem Vergleich der beiden Kühlzeiten 15 s und 45 s zeigen sich die Unterschiede in Abhängigkeit von der Temperiergeometrie auf andere Weise. Während bei der konventionellen Standardtemperierung weiter eine Vergrößerung des Maßes um 2,43 µm/s durch Verlängerung der Kühlzeit zu verzeichnen ist, ergibt sich bei der Hohlraumtemperierung lediglich eine durchschnittliche Veränderung von 0,86 µm/s. Die konturnahe Kanaltemperierung liegt mit einer Veränderungsrate von 1,54 µm/s zwischen den beiden anderen Temperiersystemen.

Es zeigt sich dabei, dass mit einer leistungsfähigen Temperierung (in diesem Fall der beiden additiv aufgebauten Formeinsätze) der Abkühlprozess schneller voranschreitet. Es ergibt sich dadurch früher eine Stabilität der Bauteilmaße, bei denen der Effekt längerer Kühlzeiten oder geringerer Werkzeugtemperaturen weniger Auswirkungen hat.

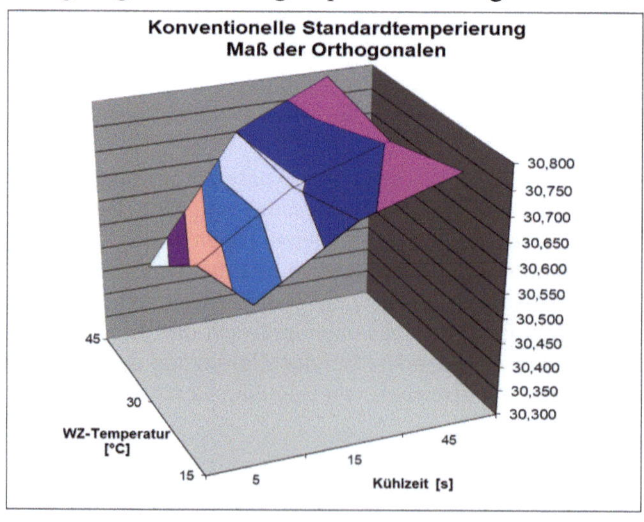

Abbildung 6.17: Einfluss der Parameter Kühlzeit und Werkzeugtemperatur auf die Bauteil-Innenmaße, konventionelle Standardtemperierung

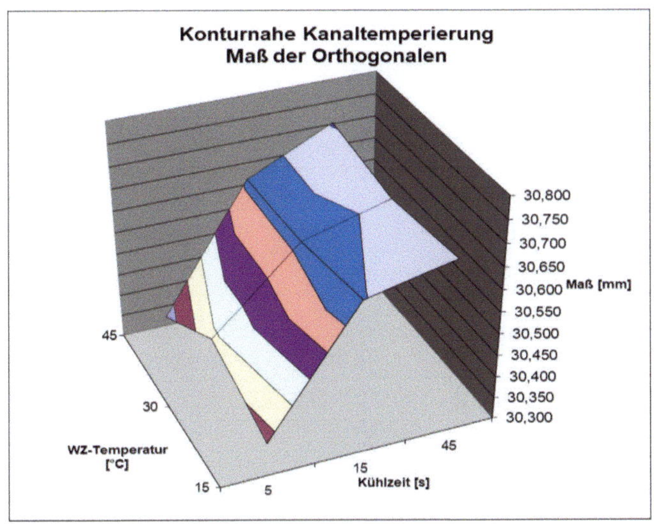

Abbildung 6.18: Einfluss der Parameter Kühlzeit und Werkzeugtemperatur auf die Bauteil-Innenmaße, konturnahe Kanaltemperierung

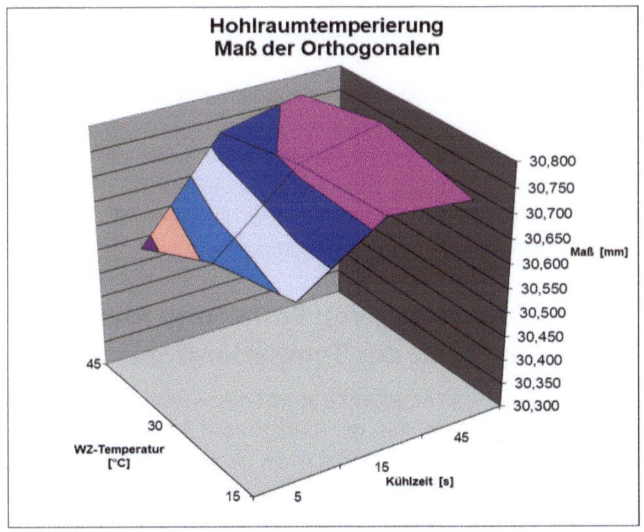

Abbildung 6.19: Einfluss der Parameter Kühlzeit und Werkzeugtemperatur auf die Bauteil-Innenmaße, Hohlraumtemperierung

Tabelle 6.5: Einfluss der Temperiergeometrie (Auswerferseite) und Kühlzeit auf die Bauteilmaße

Konventionelle Standardtemperierung			
Kühlzeit [s]	5	15	45
Maß [mm]	30,536	30,716	30,789
Veränderung [µm/s]	18,02		
Veränderung [µm/s]		2,43	
Konturnahe Kanaltemperierung			
Kühlzeit [s]	5	15	45
Maß [mm]	30,395	30,633	30,679
Veränderung [µm/s]	23,83		
Veränderung [µm/s]		1,54	
Hohlraumtemperierung			
Kühlzeit [s]	5	15	45
Maß [mm]	30,596	30,759	30,785
Veränderung [µm/s]	16,36		
Veränderung [µm/s]		0,86	

Aus den Daten lässt sich folgern, dass in diesem Anwendungsbeispiel insbesondere die im Rahmen dieser Arbeit entwickelte Hohlraumtemperierung einen starken Effekt auf den Erstarrungsprozess und damit auf die späteren Bauteilmaße hat. Es zeigt sich, dass früher als mit den anderen Temperierarten stabile Werte für das Bauteilmaß erreicht werden können. Dies kann dafür genutzt werden, sowohl mit kürzerer Zykluszeit als auch mit höherer Prozesssicherheit zu produzieren.

6.3.4 Analyse der Entstehung von Form- und Maßfehlern der Bauteile in Abhängigkeit des Temperierprozesses

Neben dem Einfluss der Temperiergeometrie auf die Geschwindigkeit der Bauteilkühlung ergeben sich auch Einflüsse auf die Form- und Maßgenauigkeit der gefertigten Bauteile. Die Zielsetzung der folgenden Analyse ist es, zu untersuchen, wie sich die in der Thermographie gezeigten Inhomogenitäten der Temperierung auch in Form- und Maßveränderungen der gefertigten Bauteile zeigen.

Als Nachweis einer inhomogenen Bauteilerstarrung beziehungsweise von Form- und Maßfehlern wurden die beiden Diagonalen der Innenseiten der gefertigten Bauteile vermessen (siehe oben Kapitel 6.3.1) und die Daten in Abhängigkeit von den Prozessparametern und den drei eingesetzten unterschiedlich temperierten Formeinsätzen analysiert. Der konventionell gefertigte Formeinsatz zeigte entsprechend seiner internen Temperiergeometrie eine inhomogene Abkühlwirkung, bei der zwei der vier in Entformungsrichtung verlaufenden Ecken des Formeinsatzes stärker und zwei schwächer gekühlt wurden. Es ist zu erwarten, dass dann die entsprechenden Ecken des Formteils auch unterschiedlich erstarren und die nach der Entformung auftretende so genannte freie Schwindung die Geometrien beeinflusst. Für eine hohe Formgenauigkeit müssen die

Maße beider Diagonalen der gefertigten Formteile gleich sein. Aufgrund der Übereinstimmung der Raumdiagonalen im Werkzeug stellen somit Unterschiede der Maße der Raumdiagonalen der Bauteile einen Formfehler dar, der dadurch entsteht, dass die Formteilecken durch unterschiedliche Temperierung unterschiedliche Winkel haben und damit von 90° abweichen.

In den Abbildungen 6.20 und 6.21 sind die beiden Raumdiagonalen für die drei unterschiedlich temperierten Formeinsätze in Abhängigkeit von der Kühlzeit aufgeführt.

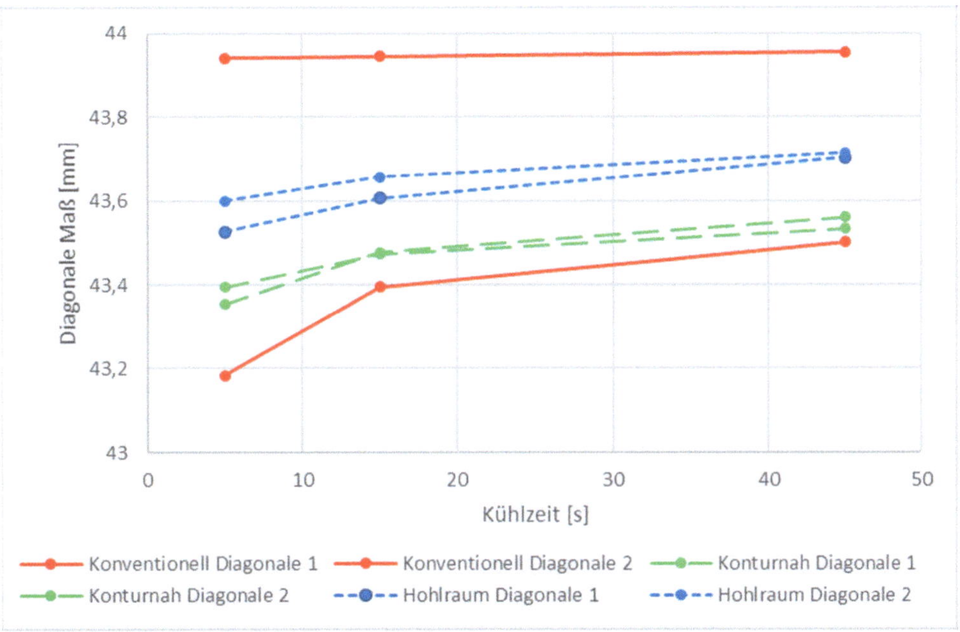

Abbildung 6.20: Darstellung der gemessenen Bauteildiagonalen in Abhängigkeit von der Temperiergeometrie und der Kühlzeit (Werkzeugtemperatur 30 °C)

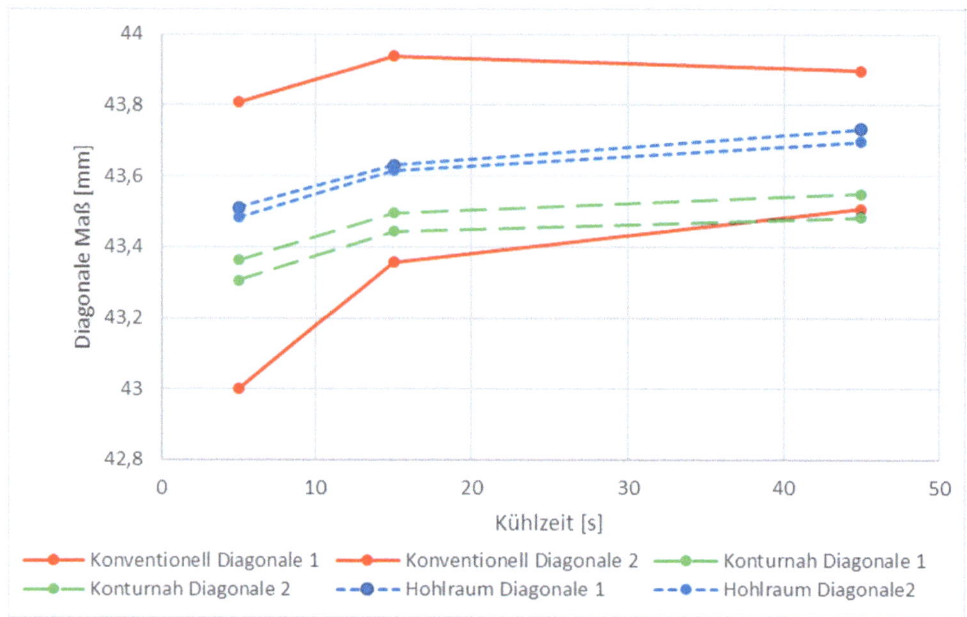

Abbildung 6.21: Darstellung der gemessenen Bauteildiagonalen in Abhängigkeit von der Temperiergeometrie und der Kühlzeit (Werkzeugtemperatur 45 °C)

Es zeigt sich in den Daten, dass Asymmetrien der Temperiergeometrie des konventionell gefertigten Formeinsatzes Formabweichungen hervorrufen. Hier entstehen deutliche Unterschiede von bis zu 0,8 mm Differenz in der Diagonalen. Die symmetrisch temperierten, additiv gefertigten Formeinsätze (konturnahe Temperierung und Hohlraumtemperierung) zeigen hingegen kaum relevante Unterschiede. Die Abweichungen betrugen jeweils weit unter 0,1 mm Differenz. Aus den Daten wird ersichtlich, dass nicht nur die Geschwindigkeit der Temperierung, sondern auch die Symmetrien bei der Konstruktion von Temperiergeometrien ein relevanter Faktor sind.

6.4 Auswirkungen der Temperiergeometrie und Prozessparameter auf die Auswerferkräfte

6.4.1 Datenaufnahme der Auswerferkräfte im Spritzgussprozess

Im Spritzgussprozess sind von den Auswerferstiften des Werkzeugs Kräfte aufzubringen, um die gefertigten Spritzgussbauteile nach der Erstarrung und dem Öffnen des Werkzeuges aus dem Werkzeug zu lösen und auszuwerfen. Wesentliche Parameter sind hier die Losbrechkraft, das Aufschrumpfen des Bauteils auf das Werkzeug sowie der Unterdruck, der bei vielen Geometrien zwischen Werkzeug und Spritzgussbauteil entsteht. Diese Kräfte sind sowohl für die Bauteilqualität als auch für den Spritzgussprozess und die Werkzeugauslegung relevant. Wenn die Kraft eines Auswerfers hoch ist, besteht das Risiko, dass der Auswerfer einen sichtbaren Abdruck im Spritzgussbauteil erzeugt oder das Bauteil sogar verformt. Aus diesem Grund ist eine ausreichende Anzahl von

Auswerfern an geeigneten Stellen im Werkzeug vorzusehen. Schattka [Sch18] benennt, dass die Werkzeugtemperatur neben einer Vielzahl von weiteren Einflussparametern, wie beispielsweise der Oberflächenrauheit des Werkzeugs, der Kunststoffart und der Werkzeuggeometrie, einen großen Einfluss auf die Adhäsionskraft zwischen Kunststoff und Werkzeug ausübt. Hierbei besitzt die Adhäsionskraft, die von der Losbrechkraft überwunden werden muss, laut Schattka deutlich höhere Werte als die entstehenden Reibungskräfte.

Das im Rahmen dieser Arbeit betrachtete Versuchswerkzeug besitzt vier Auswerfer, unter denen jeweils ein Kraftaufnehmer integriert ist, der die auf den Auswerferstift wirkende Kraft zeitlich aufgelöst messen kann. Der gemessene Kraftverlauf besitzt in der Regel einen ausgeprägten Maximalwert, der die Losbrechkraft des Spritzgussbauteils vom Werkzeug abbildet. In den durchgeführten Messreihen wurden die Maximalwerte der vier Kraftaufnehmer zur Gesamtauswurfkraft addiert und ein Mittelwert aus jeweils fünf Versuchen bzw. Spritzgusszyklen wurde für jeden Parametersatz bestimmt. Parallel wird mit einem Wegaufnehmer die Bewegung der Auswerfer aufgenommen. Mit Hilfe einer statistischen Auswertung sollen die Einflüsse der verschiedenen Temperiergeometrien und Prozessparameter auf die im Spritzgussprozess entstehenden Auswerferkräfte bestimmt werden.

Abbildung 6.22 zeigt grafisch einen beispielhaften Verlauf der parallelen Datenaufnahme des Weges und der Auswerferkräfte (Sensoren SN16, SN17, SN18 und SN19). Zu dem Zeitpunkt, an dem die Auswerfer den Auswurfprozess beginnen, entsteht ein steiler Anstieg der gemessenen Auswerferkräfte, bis diese nach Überwindung der Losbrechkraft wieder auf null abfallen. Wie zu erkennen ist, sind die Kräfte nur am Beginn des Verfahrweges der Auswerfer vorhanden.

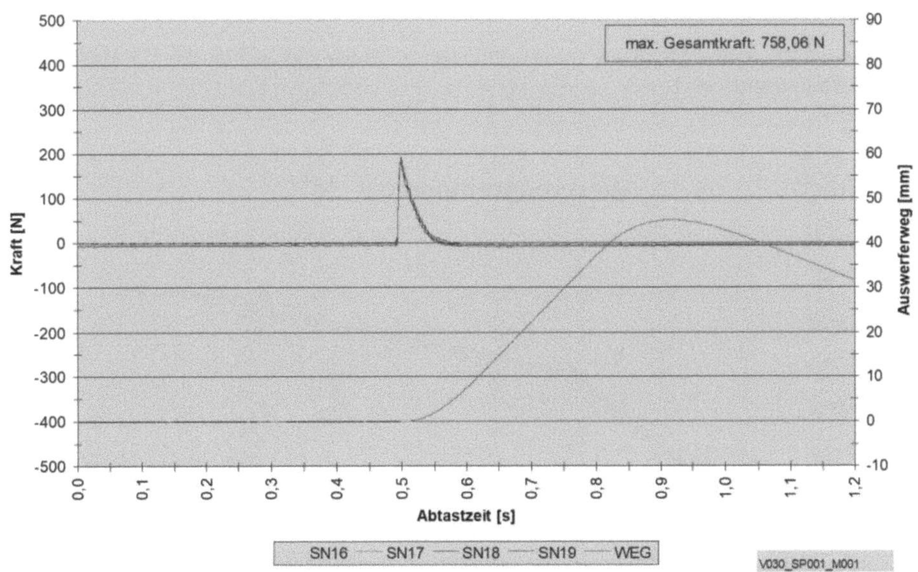

Abbildung 6.22: Beispiel einer Messdatenaufnahme Auswerferkraft und Auswerferweg

Die gemessenen Kraftverläufe in Abhängigkeit von der Kühlzeit können den Abbildungen 6.23 bis 6.25 für drei verschiedene Werkzeugtemperaturen entnommen werden, die Messdaten sind im Detail in Tabelle 6.6 dargestellt. Mit steigender Kühlzeit ist zunächst ein starker Anstieg der Auswerferkräfte zu verzeichnen, der sich jedoch mit steigender Kühlzeit abflacht. Auffällig ist, dass die Auswerferkräfte für die verschiedenen Temperiersysteme bei gleichen Parametern sehr ähnlich verlaufen, die Kräfte aber mit steigender Werkzeugtemperatur generell niedrigere Werte annehmen. Der Einfluss der Werkzeugtemperierung ist somit deutlich messbar, der Einfluss der Temperiergeometrie ist hingegen nicht direkt zu bestimmen.

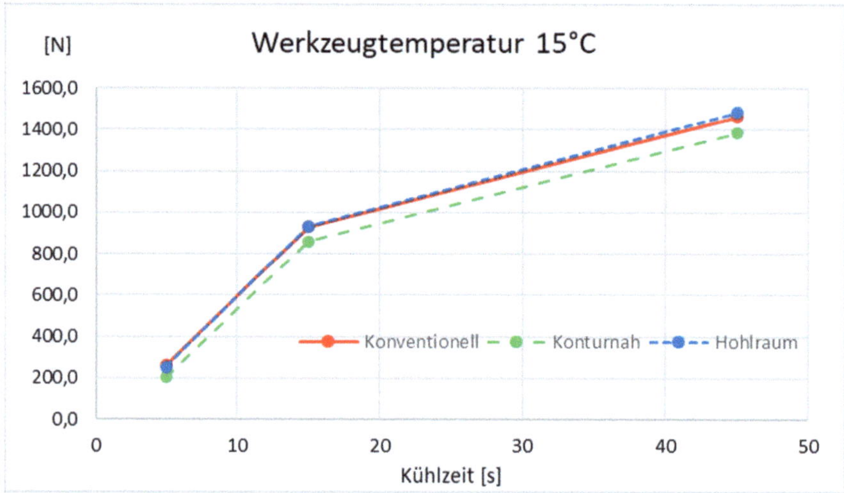

Abbildung 6.23: Entwicklung der Auswerferkräfte in Abhängigkeit von der Kühlzeit mit einer Werkzeugtemperatur von 15 °C

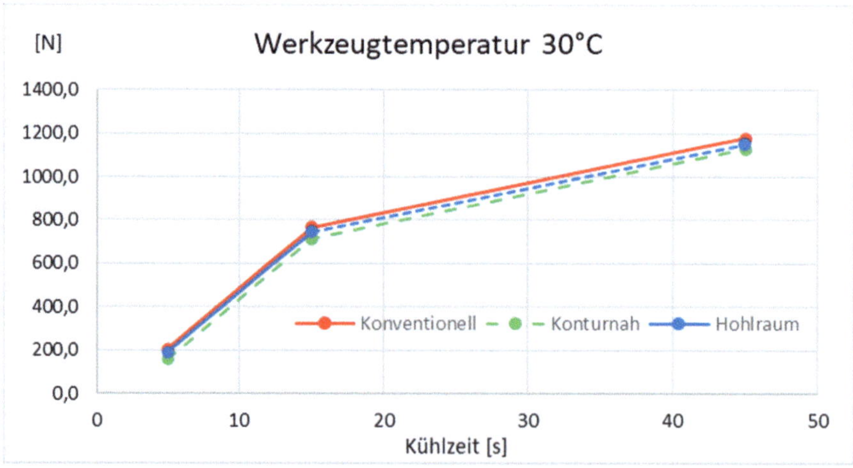

Abbildung 6.24: Entwicklung der Auswerferkräfte in Abhängigkeit von der Kühlzeit mit einer Werkzeugtemperatur von 30 °C

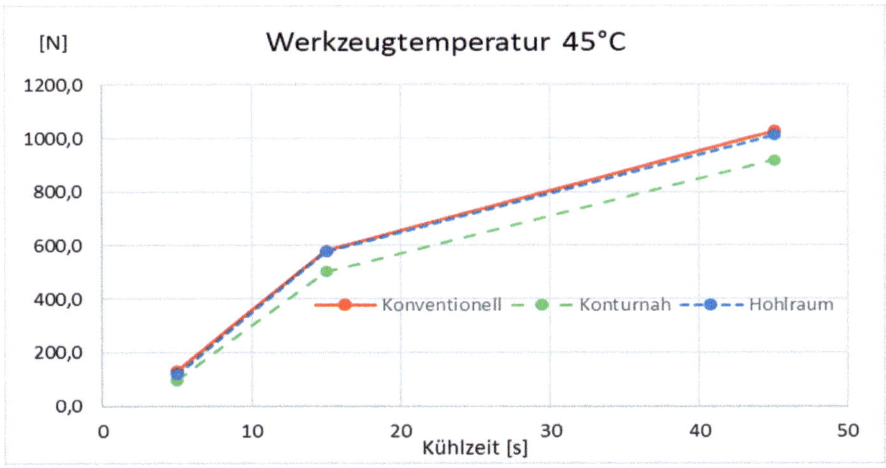

Abbildung 6.25: Entwicklung der Auswerferkräfte in Abhängigkeit von der Kühlzeit mit einer Werkzeugtemperatur von 45 °C

Tabelle 6.6: Entwicklung der Auswerferkräfte in Abhängigkeit von der Kühlzeit, der Werkzeugtemperatur und der Temperiergeometrie des Formeinsatzes

Werkzeug-temperatur	Temperierung	Kühlzeit		
		5 s	15 s	45 s
15 °C	Konventionelle Standardtemperierung	260,2 N	929 N	1.463,9 N
15 °C	Konturnahe Kanaltemperierung	202,8 N	859 N	1.385,4 N
15 °C	Hohlraumtemperierung	252 N	931,5 N	1.484,8 N
30 °C	Konventionelle Standardtemperierung	204,2 N	765,4 N	1.178,2 N
30 °C	Konturnahe Kanaltemperierung	155,2 N	713 N	1.127,6 N
30 °C	Hohlraumtemperierung	188 N	745,7 N	1.151,2 N
45 °C	Konventionelle Standardtemperierung	131,8 N	579,2 N	1.026 N
45 °C	Konturnahe Kanaltemperierung	97,2 N	502 N	917,7 N
45 °C	Hohlraumtemperierung	120 N	577,4 N	1.010,7 N

6.4.2 Untersuchung des Einflusses der Prozessparameter und der Temperiergeometrie auf die Auswerferkräfte

6.4.2.1 Einfluss der Kühlzeit und Temperiergeometrie auf die Auswerferkräfte

Um die Einflüsse der Kühlzeit und Temperiergeometrien auf die Auswerferkräfte zu bestimmen, wurden die Daten aus Tabelle 6.7 sowohl nach Temperiergeometrie als auch nach Kühlzeit ausgewertet und es wurde hierzu ein Mittelwert über die mit den Werkzeugtemperaturen 15 °C, 30 °C und 45 °C durchgeführten Versuchsreihen gebildet. Anschließend wurde für die zwei Intervalle zwischen den drei Kühlzeiten jeweils die Veränderungsrate der Kräfte bestimmt. Die Analyse der Auswerferkräfte zeigt hierbei, dass die Veränderungsraten aller drei Temperiergeometrien sehr ähnlich sind. Ein wesentlicher Einfluss ergibt sich jedoch aus der Kühlzeit. Während im Intervall zwischen 5 s und 15 s Kühlzeit sich die Auswerferkraft pro Sekunde um mehr als 50 N erhöht, sinkt dieser Wert für das Intervall zwischen 15 s und 45 s Kühlzeit jeweils auf einen Wert über 15 N.

Tabelle 6.7: Funktionswerte der Auswerferkräfte und deren Veränderung zu verschiedenen Zeitpunkten der Abkühlung als Mittelwert über die Werkzeugtemperaturen 15 °C, 30 °C und 45 °C

Konventionelle Standardtemperierung			
Kühlzeit [s]	5	15	45
Auswerferkräfte [N]	198,7	757,9	1222,7
Veränderungsrate [N/s]	55,9		
Veränderungsrate [N/s]		15,5	
Konturnahe Kanaltemperierung			
Kühlzeit [s]	5	15	45
Auswerferkräfte [N]	151,7	691,0	1143,6
Veränderungsrate [N/s]	53,9		
Veränderungsrate [N/s]		15,1	
Hohlraumtemperierung			
Kühlzeit [s]	5	15	45
Auswerferkräfte [N]	186,7	751,5	1215,6
Veränderungsrate [N/s]	56,5		
Veränderungsrate [N/s]		15,5	

Tabelle 6.8: Funktionswerte der Auswerferkräfte und deren Veränderung zu verschiedenen Zeitpunkten der Abkühlung als Mittelwert über die Werkzeugtemperaturen 15 °C, 30 °C und 45 °C und alle drei Temperiergeometrien

	Mittelwert aller drei Temperiergeometrien		
Kühlzeit [s]	5	15	45
Auswerferkräfte [N]	179,04	733,47	1193,94
Veränderungsrate [N/s]	55,4		
Veränderungsrate [N/s]		15,3	

Der Einfluss der Kühlzeit auf die Höhe der Auswerferkräfte ist nach Tabelle 6.8 somit vergleichsweise hoch. Diese Steigerungsraten der Auswerferkräfte in Abhängigkeit von der Zeit sinken stark mit fortschreitender Kühlzeit, unabhängig von der Temperiergeometrie. Dies bedeutet, dass der Erstarrungsprozess sich während der Kühlzeit verlangsamt und bei niedrigen Kühlzeiten deutlich geringere Auswerferkräfte erreicht werden können.

Eine mögliche Ursache für den geringen direkten Einfluss der Temperiergeometrie kann darin liegen, dass für die Auswerferkräfte vor allem die Anhaftung der Randschicht des Spritzgussbauteils an der Werkzeugwand relevant ist und sich der Grad der Erstarrung dort nur in geringer Abhängigkeit von der Effizienz der Kühlung entwickelt. Eine effiziente Wärmeabfuhr ermöglicht aber, dass das Spritzgussbauteil früher entformt werden kann. Eine effiziente Werkzeugtemperierung könnte somit indirekt über eine niedrigere Kühlzeit eine Verringerung der Auswerferkräfte ermöglichen.

6.4.2.2 Einfluss der Werkzeugtemperaturen auf die Auswerferkräfte

Für die Untersuchung des Einflusses der Kühltemperatur auf die Auswerferkräfte werden im Folgenden Mittelwerte über die drei Temperiergeometrien aus Tabelle 6.6 gebildet. Auf diese Weise lässt sich der Einfluss unabhängig vom Temperiersystem untersuchen und entsprechend der Werkzeugtemperatur auflösen (siehe Tabelle 6.9).

Tabelle 6.9: Darstellung der Auswerferkräfte in Abhängigkeit von der Werkzeugtemperatur

Kühlzeit [s]	5	15	45
Basiswert Werkzeugtemperatur 15 °C			
Auswerferkraft [N] (Werkzeugtemperatur 15 °C)	238,3	906,3	1444,7
Erhöhung der Werkzeugtemperatur von 15 °C auf 30 °C			
Auswerferkraft [N] (Werkzeugtemperatur 30 °C)	182,5	741,3	1152,3
Veränderungsrate [N/°C]	–3,7	–11,0	–19,5
Erhöhung der Werkzeugtemperatur von 30 °C auf 45 °C			
Auswerferkraft [N] (Werkzeugtemperatur 45 °C)	160,3	552,7	984,8
Veränderungsrate [N/°C]	–1,5	–12,6	–11,2

Die Analyse zeigt, dass der Einfluss der Werkzeugtemperatur auf den Wert der Auswerferkräfte mit steigender Temperatur tendenziell sinkt. Eine Erhöhung der Werkzeugtemperatur von 15 °C auf 30 °C erzeugt laut Tabelle 6.9 ein Absinken der Auswerferkräfte um 3,7 bis 19,5 N/°C. Die weitere Erhöhung der Temperatur von 30 °C auf 45 °C lässt diese Werte jedoch auf 1,5 bis 11,2 N/°C fallen. Dies bedeutet, dass die Auswerferkräfte bei niedrigen Temperaturen und daraus resultierender schneller Abkühlung stärker beeinflusst werden. Die Ursache liegt vor allem in dem verstärkten Aufschrumpfen des Spritzgussbauteils auf den Werkzeugkern bzw. die Auswerferseite. Dies bedeutet im Umkehrschluss, dass der Prozess des Abkühlens und Schrumpfens bei hohen Werkzeugtemperaturen langsamer geschieht und sich dadurch die Erhöhung der Auswerferkräfte verlangsamt.

Anhand der Daten ist erkennbar, dass sich bei kurzer Kühlzeit die Möglichkeit eröffnet, mit viel geringeren Auswerferkräften zu entformen. Sofern die gefertigten Bauteile auch ein stabiles Einhalten der Maßtoleranzen aufweisen, kann diese Möglichkeit u.a. für die Fertigung von schwer entformbaren Bauteilen genutzt werden oder es ermöglicht die Nutzung von vereinfachten Auswerfersystemen. Diese Effekte decken sich auch mit der Theorie. Wübken [Wüb74] weist nach, dass die Randschicht der Spritzgussbauteile schlagartig aufgrund der geringen Wärmeeindringtiefe die Temperatur der Werkzeugwand vor Einspritzbeginn annimmt, während der Abkühl- und Kristallisationsprozess im Formteilinneren aufgrund der geringen Wärmeleitung nur langsam vorangeht.

6.4.3 Vergleich des Einflusses der Auswerfer- und der Düsenseite des Werkzeugs auf die Auswerferkräfte

Das betrachtete Spritzgusswerkzeug besteht aus zwei Teilen, der Auswerferseite und der Düsenseite, die im Versuchswerkzeug beide mit einem Temperiersystem ausgerüstet sind. Die Kühlwirkung der beiden Werkzeughälften ist jedoch sehr unterschiedlich, wie bereits in Kapitel 6.3.2 erkennbar ist. Diese Einflüsse zeigen sich auch bei den Auswerferkräften und können untersucht werden, indem die Auswerferkräfte der Versuchsreihen, bei denen die Werkzeughälften mit gleicher Temperatur gekühlt wurden, mit den Kräften von Versuchsreihen verglichen werden, bei denen die Seiten unterschiedlich gekühlt werden. Tabelle 6.10 führt die Auswerferkräfte von drei Versuchsserien auf, wobei für jede Temperatureinstellung ein Mittelwert über alle drei Temperiersysteme dargestellt wird. Im Vergleich der Messwerte lassen sich die prozentualen und absoluten Unterschiede feststellen, die sich durch die Veränderung der Temperaturen von 45 °C auf 15 °C von jeweils nur einer Werkzeugseite ergeben.

Tabelle 6.10: Darstellung des Einflusses der Temperierung der Auswerfer- und der Düsenseite auf die Auswerferkräfte

Werkzeugtemperatur		Kühlzeit		
Temperatur Auswerferseite	Temperatur Düsenseite	5 s	15 s	45 s
Basiswert gleiche Werkzeugtemperatur für Auswerfer- und Düsenseite				
45 °C	45 °C	160,3 N	552,7 N	984,8 N
Niedrigere Werkzeugtemperatur der Auswerferseite				
15 °C	45 °C	219,3N	827,8 N	1369,3 N
Einfluss Temperatursenkung Auswerferseite		1,97 N/°C	9,17 N/°C	12,82 N/°C
Niedrigere Werkzeugtemperatur der Düsenseite				
45 °C	15 °C	134,7 N	638,7 N	984,6 N
Einfluss Temperatursenkung Düsenseite		−0,86 N/°C	2,86 N/°C	−0,01 N/°C

Bei der Analyse der Daten aus Tabelle 6.10 ist der unterschiedliche Einfluss der Kühltemperaturen der beiden Werkzeughälften auf die Auswerferkräfte deutlich zu erkennen. Die Temperatursenkung der Werkzeugtemperatur von 45 °C auf 15 °C erzeugt bei der Auswerferseite ein deutliches Ansteigen der Auswerferkräfte, wobei der Einfluss selbstverständlich für längere Kühlzeiten weiter ansteigt. Im Gegensatz dazu zeigen sich keine eindeutigen Effekte der Reduktion der Temperatur der Düsenseite von 45 °C auf 15 °C auf die Auswerferkräfte.

Der unterschiedliche Einfluss der beiden Werkzeugseiten auf die Auswerferkräfte lässt sich vor allem dadurch erklären, dass der Spritzgussartikel beim Abkühlen auf die Auswerferseite des Werkzeugs aufschrumpft. Er verliert somit tendenziell den Kontakt zur Oberfläche der Düsenseite des Werkzeugs, so dass dieses einen geringeren Einfluss der Abkühlung ausüben kann. Die Temperierung des Formkerns ist dabei über das Erstarren des Spritzgussbauteils auch für die Auswerferkräfte von größerer Bedeutung.

6.5 Zusammenfassende Darstellung von empirisch ermittelten Eigenschaften und Effekten bei der unterschiedlichen Temperierung von Spritzgusswerkzeugen

Auch die empirischen Untersuchungen mit einem Spritzgusswerkzeug zeigten die zuvor in Theorie (Kapitel 4) und Simulationsrechnungen (Kapitel 5) ermittelten Einflüsse der drei Temperiergeometrien auf den Spritzgussprozess und die Eigenschaften der gefertigten Spritzgussbauteile.

Thermographische Untersuchung des Temperiersystems

Die thermographischen Untersuchungen zeigen einen deutlichen Einfluss der Temperiergeometrie des Werkzeugeinsatzes auf die Oberflächentemperatur der Werkzeugkavität, sowohl in Bezug auf die Geschwindigkeit als auch die Gleichmäßigkeit der Temperierung. Hierbei zeigt sich, dass sowohl die konventionell gefertigten als auch die laseradditiv gefertigten Werkzeugeinsätze Temperaturdifferenzen auf der Oberfläche aufweisen, die potentiell eine ungleichmäßige Abkühlung und Erstarrung der Spritzgussbauteile auslösen können.

Bei dem konventionell gefertigten Formeinsatz zeigt sich klar die Asymmetrie des Temperiersystems, bei dem zwei der vier Ecken der formgebenden Geometrie mit jeweils einer durchflossenen Bohrung temperiert sind. In Abhängigkeit vom Abstand der Oberflächenbereiche zu dieser vom Kühlmittel durchflossenen Bohrung zeigen sich sehr deutliche Unterschiede der Oberflächentemperatur. Bei der Vermessung der konturnahen Kanaltemperierung lässt sich deutlich erkennen, dass sich die konstruktionsbedingten lokalen Abweichungen von der idealen konturnahen Kanalform auch in den Oberflächentemperaturen zeigen. Bei der Hohlraumtemperierung ist ebenfalls eine sehr gleichmäßige Oberflächentemperatur in dem Bereich des Formeinsatzes erkennbar, auf den der vom Temperiermittel durchflossene Hohlraum wirkt. Der obere Bereich des Formeinsatzes, für den aus Stabilitätsgründen eine deutlich erhöhte Wandstärke zum durchflossenen Hohlraum gewählt wurde, zeigt jedoch ebenfalls wie die beiden vorigen Temperiergeometrien eine Abweichung durch eine verminderte Temperierwirkung.

Anhand der Ergebnisse lässt sich der Schluss ziehen, dass eine Temperiergeometrie auch bei additiv aufgebauten Formeinsätzen mit möglichst geringen fertigungsbedingten Abweichungen von der idealen bzw. gleichmäßigen Temperierung konstruiert werden sollte. Insbesondere durch die konturnahe Führung des Temperiermediums und die effektive Wärmeabfuhr zeigen sich Abweichungen deutlich.

Einflüsse der Temperiergeometrie und der Prozessparameter auf die Eigenschaften der gefertigten Spritzgussbauteile

Der Einsatz der additiv gefertigten Formeinsätze auf der Auswerferseite des Werkzeugs zeigt im Vergleich zu dem konventionellen Werkzeugeinsatz ebenfalls Unterschiede. Es zeigt sich, dass durch die höhere Symmetrie der Werkzeugtemperierung mit den additiv gefertigten Formeinsätzen auch die gefertigten Bauteile eine höhere Symmetrie aufweisen. Die in diesem Fall konstruktionsbedingte Asymmetrie der konventionell gefertigten Temperierung, bei der diagonal nur zwei der vier Ecken des Formeinsatzes temperiert sind, zeigt sich deutlich in einer Asymmetrie der entstehenden Bauteilmaße. Neben der Maßgenauigkeit ergibt sich auch ein Effekt auf die Prozessgeschwindigkeit. Die Maßveränderungen in Abhängigkeit von der Kühlzeit sind bei den innovativ temperierten, additiv gefertigten Formeinsätzen sehr viel schneller abgeschlossen als bei dem konventionell gefertigten Formeinsatz. Dies bedeutet, dass die Prozessfenster bei leistungsfähig temperierten Formeinsätzen bei kleinen Kühlzeiten enger sind und der Prozess sensibler auf Veränderungen der Kühlzeit reagiert. Gleichzeitig wird durch die effektive Kühlung aber auch früher ein stabiles Parameterfeld erreicht, bei dem der Prozess abgeschlossen ist und sich die Maße kaum noch verändern.

Die Maße der gefertigten Bauteile sind darüber hinaus auch von den Prozessparametern abhängig. Mit steigender Kühlzeit und sinkender Werkzeugtemperatur des Formkerns (Auswerferseite) steigen tendenziell auch die Bauteilmaße, was mit dem geringeren Anteil der freien, nach der Entformung stattfindenden Schwindung im inneren Bereich des Bauteilquerschnittes zu erklären ist.

Einflüsse der Temperiergeometrie und der Prozessparameter auf die Höhe der Auswerferkräfte im Spritzgussprozess

Die Auswerferkräfte des Spritzgussprozesses werden ebenfalls durch verschiedene Einflussparameter verändert. Zunächst ist auffällig, dass die Konstruktionsart der Temperiergeometrie nur einen begrenzten direkten Einfluss ausübt. In Verbindung mit den Ergebnissen der Maßveränderungen lässt sich jedoch trotzdem für die Praxis eine Verbindung ziehen. Der Abkühlprozess ist durch die additiv gefertigten Formeinsätze mit innovativen Temperiersystemen schneller beendet, so dass sich kürzere Kühlzeiten nutzen lassen, die mit einer geringeren Auswerferkraft einhergehen.

Bei den Prozessparametern gibt es hingegen deutliche Einflüsse. Mit steigender Kühlzeit steigen die Auswerferkräfte deutlich, wobei die Zunahme sich für große Kühlzeiten verlangsamt. Dennoch können sie allein durch die Verlängerung der Kühlzeit auf ein Vielfaches steigen. Analog sind auch die Werkzeugtemperaturen bzw. Vorlauftemperaturen des Temperiermittels für die Auswerferkräfte relevant. Je kühler die Temperiermitteltemperatur gewählt ist, desto höher sind die Auswerferkräfte bei konstant gewählter Kühlzeit. Die Ursache hierfür liegt in dem stärker fortgeschrittenen Erstarrungsprozess, bei dem das Spritzgussbauteil auf den Formeinsatz der Auswerferseite aufschrumpft. Des Weiteren zeigt sich anhand der Temperaturvariationen zwischen Auswerfer- und Düsenseite des Werkzeugs, dass die Temperierung der Auswerferseite des Werkzeugs den Prozess und die Auswerferkräfte sehr viel stärker beeinflusst als die Düsenseite, wenn das Bauteil wie in diesem Fall auf den Werkzeugkern der Auswerferseite aufschrumpft.

Ausblick und mögliche Weiterentwicklungen

Die Ergebnisse der Analyse der Prozesseinflüsse zeigen auf, dass bei der vorliegenden Werkzeuggeometrie vor allem die effektive Temperierung der laseradditiv gefertigten Auswerferseite eine Prozessveränderung und –verbesserung ermöglicht. Jedoch ist bei kurzen Kühlzeiten davon auszugehen, dass die Prozessfenster enger zu wählen sind, weil der gesamte Prozess durch die hohe Abkühlleistung sensibler auf Parameterveränderungen oder Parameterschwankungen reagiert. Bei der Auslegung des Auswerfersystems kann gegebenenfalls durch die innovative Temperierung eine Verkürzung der Kühlzeiten erreicht werden, die es ermöglicht, Prozessfenster mit geringerer Auswerferkraft zu nutzen. Auf diesem Weg wären unter Umständen eine Vereinfachung der Auswerfermechanik und eine Verringerung der sich im Bauteil abzeichnenden Druckpunkte möglich.

Die additiven Fertigungsverfahren bieten die Möglichkeit zur Realisierung einer Vielzahl von neuartigen Konstruktionsweisen, wie die Topologieoptimierung oder auch der Natur folgende bionische Konstruktionsweisen, die auf verschiedene Anwendungsarten und deren Herausforderungen zugeschnitten werden können [Emm11]. Die in der Arbeit entworfene additiv gefertigte Hohlraumtemperierung zeigt wie dargestellt Vorteile in Bezug auf die Temperierhomogenität und die Temperiergeschwindigkeit. Aber sie bietet auch die Möglichkeit, neuartige Konstruktionsansätze umzusetzen.

Durch eine Konstruktion mit an die Belastung angepassten, möglichst dünnen Wandstärken könnte hier die Temperierung an die mechanischen Grenzen herangebracht werden, um die maximal mögliche Temperierung zu erreichen. Mittels Fließsimulationen könnte weiterhin ein optimierter Temperiermittelfluss berechnet und durch entsprechende Auslegung der Geometrien umgesetzt werden. Das Problem, dass sich additiv im Pulverbett waagerechte Flächen eines Hohlraumes nicht fertigen lassen, lässt sich entweder durch die in dieser Arbeit umgesetzten Gitterstrukturen oder auch durch spezifische Stützstrukturen oder bionische Konstruktionen lösen. Neben der Stützfunktion erzeugen diese Strukturen als Nebeneffekt auch Turbulenzen, die ggf. den Wärmeübergang vom Werkzeug auf das Temperiermedium erhöhen.

Auch für so genannte variotherme Ansätze, bei denen zunächst aufgeheizt und dann gekühlt wird, könnte die Hohlraumtemperierung einen großen Vorteil bieten. Im Gegensatz zu Konstruktionen mit Kanälen könnte der Wechsel von Heizen auf Kühlen mit einem Hohlraum sehr schnell erfolgen, da weniger Wärme aus dem Werkzeug abzuführen wäre, weil konturnah weniger Werkzeugmaterial zwischen Bauteil und Temperiermedium vorhanden wäre.

Durch Kombination von Strömungssimulationen und Festigkeitssimulationen bzw. auch Berechnungen zur Topologieoptimierung könnten in der Praxis hohe Potentiale bestehen. Durch gekoppelte Simulationen könnten mehrere Zielsetzungen, wie beispielsweise effektive Temperierung, hohe Standzeiten und hohe bzw. einstellbare Maßgenauigkeit, gleichzeitig angestrebt und erreicht werden. Insbesondere bei problematischen Bauteilbereichen, Masseanhäufungen im Bauteildesign oder auch Verzugsproblemen könnte hier durch Simulationen eine auf das Problem zugeschnittene Temperiergeometrie als Hohlraum mit variierenden Wanddicken entwickelt und mittels additiver Verfahren aufgebaut werden. Auch Reverse-Engineering-Ansätze wären denkbar, bei denen ein dreidimensionales Ziel-Schwindungsprofil zunächst in ein Ziel-Abkühlungsprofil und dann in ein dreidimensionales Temperierungsprofil überführt werden könnte, das zum Erreichen des Ziel-Schwindungsprofiles notwendig wäre.

7 Zusammenfassung und Ausblick

Der Kunststoffspritzguss steht wie auch viele andere industrielle Anwendungen in dem Zielkonflikt aus Kosten, Qualität und Zeit. Im Rahmen der Arbeit konnte gezeigt werden, dass der Einsatz von laseradditiv aufgebauten Formeinsätzen sich auf alle drei Ziele auswirkt und entsprechend auch große Vorteile erzeugen kann.

In theoretischen Analysen, in durchgeführten Simulationen und Laboruntersuchungen konnte gezeigt werden, dass additiv aufgebaute Formeinsätze mit einem entsprechenden internen Temperiersystem eine deutlich effektivere Temperierung bzw. in diesem Fall Kühlung der gefertigten Bauteile erreichen können. Die Spritzgusswerkzeuge dienen im Prozess neben der Formgebung auch als Wärmetauscher und können bei entsprechender Konstruktion die Wärme des Spritzgussbauteiles schnell abführen, so dass das Bauteil nach kürzerer Kühlzeit entformt werden kann. Gleichzeitig konnte gezeigt werden, dass durch die schnellere Kühlung auch früher stabile Parameterfelder erreicht werden konnten, bei denen sich die Bauteilmaße in Abhängigkeit von den Prozessparametern nur noch wenig veränderten. Insbesondere bei sehr hohen Anforderungen an die Bauteilqualität ist es anzustreben, dass die Prozesse trotz kürzerer Taktzeiten robuster sind.

Neben dem Aspekt der Temperiergeschwindigkeit zeigte sich, dass gerade bei einer leistungsfähigen Kühlung auch die Homogenität der Temperierung beachtet werden muss. Die Untersuchungen ergaben, dass konstruktiv bedingte Abweichungen von der homogenen Temperierung deutliche Auswirkungen haben können, die sich sowohl in Computersimulationen als auch in Laborversuchen zeigten. Es sollte daher angestrebt werden, dass die Temperiersysteme die Bauteile gleichmäßig kühlen, weil ungleichmäßige Kühlvorgänge Abweichungen der Bauteileigenschaften hervorrufen können.

Um eine maximale Gleichmäßigkeit der Temperierung mit hoher Geschwindigkeit zu verbinden, wurde im Rahmen dieser Arbeit ein neuartiges Konzept zur Werkzeugtemperierung erstellt und umgesetzt, welches statt Kanälen einen Hohlraum besitzt, der von dem Temperiermedium durchflossen wird. Die erhofften Vorteile einer kurzen Kühlzeit und eines geringen Temperierfehlers konnten aufgezeigt werden.

In vielen Bereichen der Fertigungstechnik sind die Fertigungszeit, die Bauteilqualität und die Kosten gegensätzliche Zielsetzungen bzw. bergen sie Zielkonflikte. Es konnte gezeigt werden, dass die geometrischen Freiheiten der additiven Fertigung sich in der Werkzeugfertigung dafür nutzen lassen, die Zielkonflikte teilweise aufzulösen. Mit den Werkzeugen konnten Bauteile sowohl mit höherer Qualität als auch in kürzerer Zeit gefertigt werden, indem die Temperierung sowohl gleichmäßiger als auch effektiver erfolgte. Darüber hinaus bietet eine leistungsfähige und zielgenaue Temperierung die Möglichkeit, über die Temperierparameter den Prozess oder auch die Bauteilmaße zu beeinflussen, weil die Form- und Maßgenauigkeit starke Abhängigkeiten von der Temperierung aufwies. Weiterhin zeigte sich, dass eine kurze Bauteilkühlung zudem auch vergleichsweise niedrige Entformungskräfte ermöglichen konnte, so dass eine leistungsfähige Temperierung auch Lösungsmöglichkeiten in Fällen von kritischen Entformungseigenschaften bieten kann.

© Der/die Autor(en), exklusiv lizenziert an
Springer-Verlag GmbH, DE, ein Teil von Springer Nature 2026
H. Vogel, *Prozesseinflüsse laseradditiv gefertigter Kunststoffspritzgusswerkzeuge*,
Light Engineering für die Praxis, https://doi.org/10.1007/978-3-662-73055-3_7

Als Ausblick können aber noch weitergehende Potentiale durch die Kombination von Wärme- und Spritzgusssimulation mit den konstruktiven Möglichkeiten additiv aufgebauter Temperiersysteme erschlossen werden. Durch Simulation kann das dreidimensionale Temperatur- und Schwindungsprofil eines Bauteiles virtuell bestimmt werden. Hieraus ließe sich der dreidimensionale Temperierbedarf bestimmen, der wiederum mittels Reverse-Engineering-Ansätzen in ein dreidimensionales internes Temperiersystem des Werkzeugs überführt werden könnte.

Insbesondere die im Rahmen der Arbeit umgesetzte Hohlraumtemperierung könnte hierbei ein Ausgangspunkt für vielversprechende Entwicklungen darstellen. Es sind verschiedene Möglichkeiten denkbar, anstatt eine homogene Temperierung der Werkzeugoberfläche anzustreben, die Temperierung lokal und dreidimensional an den Wärmebedarf des Bauteiles anzupassen. Eine lokale Variation der Abstände der Hohlraumtemperierung zur Kavitätenoberfläche, das Einbringen von Strömungsumlenkungen oder auch das Vergrößern und Verringern von Durchflussgeometrien wären Möglichkeiten, mit denen das Temperierprofil des Werkzeugs lokal verändert werden könnte. Hiermit könnte ein spezifisches Temperierprofil durch das Werkzeug erzeugt werden, das an den in Simulationsrechnungen ermittelten, dreidimensionalen Temperierbedarf des Spritzgussbauteiles angepasst werden kann. Auf diese Weise könnte der Temperier- bzw. Abkühlprozess des Bauteiles bereits vor der Fertigung des Werkzeuges gezielt im Hinblick auf Bauteilqualität oder Fertigungszeit virtuell optimiert werden.

Die Analyseergebnisse und die benannten weiteren Entwicklungspotentiale können den additiven Verfahren große Vorteile in Bezug auf Fertigungskosten, Fertigungszeiten und Produktqualität in der Werkzeugtechnik eröffnen. Es zeigt sich, dass der Einsatz der additiven beziehungsweise in diesem Fall laseradditiven Fertigung von Werkzeugen sein volles Potential vor allem dann erschließen kann, wenn auch die Herangehensweise der Auslegung und Konstruktion auf neuartige Weise erfolgt.

Literaturverzeichnis

Blu96   Bluhm, R.: Verbesserte Temperaturkontrolle beim Spritzgießen. RWTH Aachen, Dissertation., 1996

Böc06   Böckh, P. v.: Wärmeübertragung. Springer-Verlag, Berlin Heidelberg, 2006

Bra09   Branner, G.; Krol, T.: Prozesskette zur simulationsgestützten Auslegung von Werkzeugen mit konturangepassten Temperiersystemen – ProTEMP. In: iwb Newsletter 3 (August), 2009

Bri11   Brinkmann, T.: Handbuch Produktentwicklung mit Kunststoffen. Carl Hanser Verlag, München, 2011

Bru06   Brunotte, R.: Die thermodynamischen und verfahrenstechnischen Abläufe der in-situ-Oberflächenmodifizierung beim Spritzgießen. Technische Universität Chemnitz, Dissertation, 2006

Cam08   Campbell, I.; Combrinck, J; de Beer, D.; Barnard, L.: Stereolithography build time estimation based on volumetric calculations. Rapid Prototyping Journal, Jahrgang 14 / Ausgabe 5, 2008

Car08   Cardozo, D.: Three Models of the 3D Filling Simulation for Injection Molding: A Brief Review. In: Journal of Reinforced Plastics and Composites 2008 (27) Seite 1963 – 1974, 2008

DIN03   DIN 8580: Fertigungsverfahren - Begriffe, Einteilung. Berlin, 2003

DIN16   DIN EN ISO 17296-2:2016: Additive Fertigung – Grundlagen - Teil 2: Überblick über Prozesskategorien und Ausgangswerkstoffe. Berlin, 2016

DIN22   DIN EN ISO/ASTM 52900:2022: Additive Fertigung – Grundlagen – Terminologie. Berlin, 2022

DIN87   DIN 24450: Maschinen zum Verarbeiten von Kunststoffen und Kautschuk. Berlin, 1987

Dom08   Domininghaus, H.; Elsner, P.; Eyerer, P.; Hirth, T.: Kunststoffe. Springer-Verlag, Berlin Heidelberg, 2008

Dus00   Dusel, K.-H.: Rapid Tooling: Spritzgießen mit Prototyp-Werkzeugen und der Einfluß auf die Bauteileigenschaften. Universität Stuttgart, Dissertation, 2000

Emm02   Emmelmann, C.; Lunding, S. F.: Einführung in die industrielle Lasermate-
          rialbearbeitung. Druck anlässlich Nortec Hamburg Messe, Hamburg, 2002

Emm11   Emmelmann, C., Sander, P., Kranz, J., Wycisk, E.: Laser Additive Manu-
          facturing and Bionics: Redefining Lightweight Design. Proceedings Laser
          in Manufacturing, München, 2011

Eve98   Eversheim, W.; Klocke, F.: Werkzeugbau mit Zukunft. Springer-Verlag,
          Berlin Heidelberg, 1998

Fuh04   Fuh, J. Y. H.; Zhang, Y.F.; Nee, A. Y. C.; Fu, M. W.: Computer-aided
          injection mold design and manufacture. Marcel Dekker, New York, 2004

Geb06   Gebhardt, A.: „Individuelle" Serienfertigung auf Basis generativer Verfah-
          ren. In: Uhlmann: 3D-Erfahrungsforum – Innovation Werkzeug- und For-
          menbau. Berlin, Universitätsverlag der TU Berlin, 2006

Geb16   Gebhardt, A.: Additive Fertigungsverfahren. Carl Hanser Verlag, Mün-
          chen, 2016

Gro11   Grothe, K.-H.; Feldhusen, J.: Dubbel: Taschenbuch für den Maschinenbau.
          Springer-Verlag, Berlin Heidelberg, 2011

Ham03   Haman, S.: Prozessnahes Qualitätsmanagement beim Spritzgießen. Tech-
          nische Universität Chemnitz, Dissertation, 2003

Her09   Herwig, H.; Moschallski, A.: Wärmeübertragung: Physikalische Grundla-
          gen. Vieweg + Teubner, Wiesbaden, 2009

Hoc06   Abschlussbericht: Bereitstellung von Rapid-Tooling-Verfahren als unter-
          stützendes Mittel bei der Konstruktion von Werkzeugeinsätzen für die
          Kunststoffverarbeitung. Hochschule Wismar, 2006

Hoh00   Hohl, G.; Kallien, L.: Simulation beim Spritzgießen von EPDM. In:
          Kunststoffe, Heft 11, 2000

Jan93   Jansen, K. M. B.: Calculation and control of heat transfer in Injection
          Moulding. Technische Universität Delft, Dissertation, 1993

Jan14   Jansen, S.: Generative Fertigung von konturnah temperierten Werkzeugen
          mittels Selective Laser Melting. RWTH Aachen, Dissertation, 2014

Jar08   Jaroschek, C.: Spritzgießen für Praktiker. Carl Hanser Verlag, München,
          2013

Jüt03   Jüttner, G.: Fließinduzierte Orientierungen in spritzgegossenen LCP-
          Teilen. Technische Universität Chemnitz, Dissertation, 2003

Kal02   Kallien, L. H.: Simulieren in 3D. In: MM MaschinenMarkt, Ausgabe 28,
          2002

Kas99	Kaschka, U.: Methodik zur Entscheidungsunterstützung bei der Auswahl und Bewertung von konventionellen und Rapid Tooling-Prozessketten. Technische Universität Chemnitz, Dissertation, 1999
Kle10	Klein, B.: Grundlagen und Anwendungen der Finite-Elemente-Methode im Maschinen- und Fahrzeugbau. Vieweg + Teubner Verlag, Wiesbaden, 2010
Kol10	Kolbe, C.: Strahlschmelzen - LaserCUSING - Integration im Werkzeug- und Formenbau. In: RTejournal, 2008
Lin04	Lindhe, U; Hesse, H.-J.: Formen aus Stahl, Bauteile aus Titan und Stahl. In: RTejournal, 2004
Lip98	Lipinski, D. M.; Flender, E.: Numerical simulation of fluid flow and heat transfer phenomena for semi-solid processing of complex castings. 5th International Conference Semi-Solid Processing of Alloys and Composites, Golden (Colordao/USA), 1998
Man09	Mansfeld, T.: Shrinkage & Warpage. Vortrag Anwendertreffen Firma Sigma Engineering, Aachen, 2009
May08	Mayer, R.: Wettbewerbsfaktor Lasergenerieren. In: RTejournal, 2008
May09	Mayer, S.: DMLS: der Weg zur optimierten Werkzeugtemperierung für hochqualitative, kostenoptimierte, spritzgegossene Teile. EOS User Meeting, 2009
Mei19	Meier, B.-R.; Falke, D.: Maßhaltige Kunststoff-Formteile. Carl Hanser Verlag, München, 2019
Men07	Menges, G.; Michaeli, W.; Mohren, P.: Spritzgießwerkzeuge. Carl Hanser Verlag, München, 2007
Men08	Mennig, G.: Werkzeugbau für die Kunststoffverarbeitung. Carl Hanser Verlag, München, 2008
Mic08	Michaeli, W.; Greif, H.; Wolter, L; Vossebürger, F.-J.: Technologie der Kunststoffe. Carl Hanser Verlag, München, 2008
Mon01	Moneke, M.: Die Kristallisation von verstärkten Thermoplasten während der schnellen Abkühlung und unter Druck. Technische Universität Darmstadt, Dissertation, 2001
Ngu01	Nguyen-Chung, T.: Strömungsanalyse der Bindenahtformation beim Spritzgießen von thermoplastischen Kunststoffen. Technische Universität Chemnitz, Dissertation, 2001
Pon02	Pontes, A. J.: Shrinkage and ejection forces in injection moulded products. University of Minho, Dissertation, 2002

Pop05   Poprawe, R.: Lasertechnik für die Fertigung. Springer-Verlag, Berlin Heidelberg, 2005

Ree02   Rees, H.: Mold Engineering. Carl Hanser Verlag, München, 2002

Reh10   Rehme, O.: Cellular design for laser freeform fabrication. Technische Universität Hamburg-Harburg, Dissertation, 2010

Roh24   Rohne, M.: Beiträge zur Auslegung konturnaher Temperierkanäle in Werkzeugen bei variothermer Prozessführung. Technische Universität Bergakademie Freiberg, Dissertation, 2024

Sab23   SABIC, Datenblatt SABIC® PP PHC27, abgerufen unter www.sabic.com, Juni 2023

Sch18   Schattka, G.: Charakterisierung von Entformungskräften im Kunststoffspritzguss unter Berücksichtigung adhäsiver Bindungskräfte, Universität Stuttgart, Dissertation, 2018

She04   Shellabear, M.; Nyrhilä, O.: DMLS – Development History and State of the art. In: LANE 2004 conference proceedings, Erlangen, 2004

Ste08   Steinko, Willi: Optimierung von Spritzgießprozessen. Carl Hanser Verlag, München, 2008

Str15   Stricker, Michael: Methoden und Kennwerte für die Auslegung und den Betrieb von Temperiersystemen in Spritzgießwerkzeugen. Johannes Kepler Universität Linz, Dissertation, 2015

Tre00   Trenke, D.: Konstruktionsregeln für eine Rapid Tooling gerechte Gestaltung von Werkzeugen und Prototypen. In: Institutsmitteilungen, Jahrgang 25, Fritz-Süchting-Institut für Maschinenwesen der Technischen Universität Clausthal, 2000

Wag84   Wagner, W.; Ach, N.; Bohl, W.: Wärmeübertrager: Konstruktionsrichtlinien, Werkstoffe, Anwendungsbeispiele. expert verlag, Sindelfingen, 1984

Wag09   Wagner, W.: Wärmeaustauscher. Vogel Verlag, Würzburg, 2009

Wüb74   Wübken, G.: Einfluss der Verarbeitungsbedingungen auf die innere Struktur thermoplastischer Spritzgussteile unter besonderer Berücksichtigung der Abkühlverhältnisse. RWTH Aachen, Dissertation, 1974

Zac98   Zachert, J; Michaeli, W.: Simulation and Analysis of Three-Dimensional Polymer Flow in Injection Moulding. Journal of Reinforced Plastics and Composites. In: Journal of Reinforced Plastics and Composites 1998 (17) Seite 955 – 962

Zäh06   Zäh, M.; Branner, G.; Hagemann, F.; Lutzmann, S.: Entwicklungstrends
            im Bereich Rapid Manufacturing. In: Uhlmann: 3D-Erfahrungsforum –
            Innovation Werkzeug- und Formenbau. Berlin, Universitätsverlag der TU
            Berlin, 2006

Zöl01   Zöllner, O.: Grundlagen zur Schwindung von thermoplastischen Kunst-
            stoffen. Anwendungstechnische Information ATI 1120, Bayer AG, Lever-
            kusen, 2001

Zöl94   Zöllner, O.: Prozeßgrößen beim Spritzgießen von Thermoplasten als Pro-
            duktionskostenfaktoren – Schmelze-, Werkzeug-, Entformungstemperatur,
            Zykluszeit, p-v-J-Diagramme. Anwendungstechnische Information ATI
            916, Bayer AG, Leverkusen, 1994

Zöl99   Zöllner, O.: Optimierte Werkzeugtemperierung. Anwendungstechnische
            Information ATI 1104, Bayer AG, Leverkusen, 1999